所谓的情商高，就是懂心理

彩沄心理◎编著

中国纺织出版社

内容提要

我们都生活在一定的集体中，都要与他人打交道，而人际关系如何，考验的就是我们的情商。高情商者懂得把握人心，了解如何与人处世，进而左右逢源，受人欢迎。

本书共分上、下两篇，告诉我们心理学对于提升情商和社交能力的重要性，并深入浅出地阐述了如何通过心理策略的运用来获得他人的信任和支持，使我们在人际交往中变得更加圆融，使我们的人生之路变得更加顺畅。

图书在版编目（CIP）数据

所谓的情商高，就是懂心理 / 彩沄心理编著.--北京：中国纺织出版社，2017.12（2023.6重印）
ISBN 978-7-5180-4464-1

Ⅰ.①所… Ⅱ.①彩… Ⅲ.①心理交往—通俗读物Ⅳ.①C912.11-49

中国版本图书馆CIP数据核字（2017）第313351号

责任编辑：闫　星　　特约编辑：李　杨　　责任印制：储志伟

中国纺织出版社出版发行
地址：北京市朝阳区百子湾东里A407号楼　邮政编码：100124
销售电话：010—67004422　传真：010—87155801
http：//www.c-textilep.com
E-mail：faxing@c-textilep.com
中国纺织出版社天猫旗舰店
官方微博http://weibo.com/2119887771
永清县晔盛亚胶印有限公司印刷　各地新华书店经销
2017年12月第1版　2023年6月第6次印刷
开本：710×1000　1/16　印张：14
字数：165千字　定价：68.00元

凡购本书，如有缺页、倒页、脱页，由本社图书营销中心调换

我们都知道，人类社会的发展都是围绕各种活动进行的，而一切社会活动的基础就是人与人之间的接触和交往。与人打交道，这并不是一件难事，但是，能够很好地处理自己的人际关系并不是每个人都能做到；如同做任何事情一样，会做和做得好之间有着天壤之别。而这考验的就是情商。

我们生活和工作的周围，有这样两类人：其中一类人，尽管他们读书时成绩很好，毕业后却碌碌无为。他们经常抱怨人际关系复杂，得不到上司的赏识，在生活中处处碰壁，有些人甚至心态失衡而走上歧途，究其原因是情商低。另一类人，在校时成绩平平、被认为智商一般甚至偏低的学生，毕业后却如鱼得水，成为独占鳌头的领导者。他们能适应周围环境，抓住机遇。更重要的是，他们善于把握和调整自己的情绪，善于理解和把握领导者的愿望与要求，善于处理自己周围的人事关系，因而他们成功了。

美国流行这样一句话："智商决定录用，情商决定提升。"不得不承认，现代社会，情商已经成为人们日常交往中的一种必要智慧，情商不仅是一个人获得成功的关键因素，而且能令一个人充分地发挥自身潜能、调节掌控情绪，从而在与周围的人的接触中表现出自身良好的亲和力，并在生活工作中获得比别人更多的机遇，使自己的成功步伐始终领先于别人。

智商诚可贵，情商价更高。那么，我们如何才能获得高情商，并在生活的方方面面中展现出这种高情商呢？

事实上，真正情商高的人，都懂得一个道理——情商就是对于他人心理的把握和自己作出的相应的对策。的确，别人的心理，往往让我们捉摸不透，所以当别人做出某些让我们寒心或者不可思议的事情时，我们总是无能为力，不知道如何应付。

从某种角度而言，学点心理策略对我们是非常有用的。心理学家荣格曾说过：“心灵的探讨必将成为一门十分重要的学问，因为人类最大的敌人不是灾荒、饥饿、贫苦和战争，而是我们的心灵自身。”心理学是一种武器，是一剂良药，更是一缕春风。著名行为心理学大师阿尔伯特·班图拉曾说：“心理学不能告诉人们应当怎样度过一生，但是，它可以给人们提供影响个人变化和社会变化的手段。而且，它能帮助人们去评估可供选择的生活方式及社会管理的后果，然后作出价值抉择。”

现实生活里，相信很多人都曾尝试找到一个快速提高自己情商和心理学知识水平的法宝。但寻找的过程是艰难的，这里，我们推荐本书。

从这本书中，我们首先可以看到掌握心理学是多么重要，明白一定要花点心思与人交往。然后，要与人顺利交往，除了要从自己的心态、形象和口才上下功夫外，还要做到知己知彼，这样才能对症下药，百战不殆。书中还有很多典型事例和故事，深入浅出，通俗易懂，能帮助我们更快掌握一些社交技巧。

编著者

2017年10月

目录
contents

上篇：读懂心理：有的放矢才能战无不胜

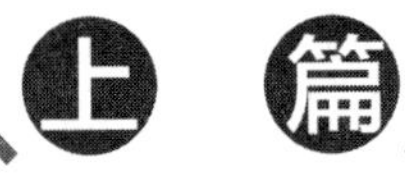

上 篇

读懂心理：有的放矢才能战无不胜

第1章　对症下药：了解心理弱点，洞悉内心秘密

每个人都会有自身的心理弱点，这些弱点往往是受到了某些心理效应潜移默化的影响而产生的，你知道这些心理效应都是什么吗？该怎样消除这些心理效应的负面影响？怎样消除自己的心理弱点，让自己成为社交场上的强者？这些问题的答案从下面的文章中你都可以找到，助你了解自我，战胜自我，让自己成为一个可以把握自我的人。

思维定式效应：你是被思维左右的动物吗

所谓思维定式效应，是指人们局限于既有的信息或认识的现象。美国科普作家阿西莫夫曾经讲过一个关于自己的故事。

阿西莫夫从小就聪明，年轻时多次参加“智商测试”，得分总在160左右，属于“天赋极高者”，他一直为此而得意扬扬。有一次，他遇到一位汽车修理工，是他的老熟人。修理工对阿西莫夫说：“嗨，博士！我来考考你的智力，我出一道思考题，看你能不能回答正确。”

阿西莫夫点头同意。修理工便开始说思考题：“有一位既聋又哑的人，想买几颗钉子，他来到五金商店，对售货员做了这样一个手势——左手两个指头立在柜台上，右手握拳做出敲击的样子。售货员见状，先给他拿来一把锤子；聋哑人摇摇头，指了指立着的那两根指头。于是售货员就明白了，聋哑人想买的是钉子。聋哑人买好钉子，刚走出商店，接着进来一位盲人。这位盲人想买一把剪刀，请问：盲人将会怎样做？”

阿西莫夫顺口答道："盲人肯定会这样。"说着，他伸出食指和中指，比画出剪刀的样子。

汽车修理工一听笑了："哈哈，你答错了！盲人想买剪刀，只需要开口说'我买剪刀'就行了，他干吗要做手势呀？"

智商高达160的阿西莫夫，这时不得不承认自己确实是个"笨蛋"。而那位汽车修理工人却得理不饶人，用教训的口吻说："在考你之前，我就料定你肯定要答错，因为，你所受的教育太多了，不可能很聪明。"

实际上，修理工所说的受教育多与不可能聪明之间关系，并不是因为学的知识多了人反而变笨了，而是因为人的知识和经验越多越容易在头脑中形成思维定式。这些思维定式会束缚人的思维，使思维按照固有的路径展开。

有这样一个著名的试验：把六只蜜蜂和同样多的苍蝇装进一个玻璃瓶中，然后将瓶子平放，让瓶底朝着窗户。结果发生了什么情况呢？

蜜蜂不停地想在瓶底上找到出口，一直到它们力竭而死或饿死；而苍蝇则会在不到两分钟之内，从另一端的瓶口飞走。

蜜蜂基于出口就在光亮处的思维定式，想当然地设定了出口的方位，并且不停地重复着合乎这种逻辑的行动。可以说，正是由于这种定式思维，它们才没能逃出玻璃瓶。而那些苍蝇则对所谓的逻辑一无所知，全然没有对亮光的定式，而是四处乱飞，最终逃出了玻璃瓶。所以说，头脑简单的人在智者消亡的地方有可能顺利得救，在偶然当中有着很深的必然性。

人们在一定的环境中工作和生活，久而久之就会形成一种固定的思维模式，从而习惯于从固定的角度来观察、思考事物，以固定的方式来接受事物。

有这样一个问题：一位公安局长在路边同一位老人谈话，这时跑过来一位小孩，急促地对公安局长说："你爸爸和我爸爸吵起来了！"老人问："这孩子是你什么人？"公安局长说："是我儿子。"请你回答：这两个吵架的人和

公安局长是什么关系？

这一问题，在100名被试者中只有两人答对！后来，有人对一个三口之家问这个问题，父母没答对，孩子却很快答了出来："局长是个女的，吵架的一个是局长的丈夫，即孩子的爸爸；另一个是局长的爸爸，即孩子的外公。"

为什么那么多成年人对如此简单的问题的解答反而不如孩子呢？其原因就在于定式效应：按照成人的经验，公安局长应该是男的，从男局长这个心理定式去推想，自然找不到答案；而小孩没有这方面的经验，也就没有心理定式的限制，因而一下子就找到了正确答案。

能够把人限制住的，只有人自己。人的思维空间是无限的，像曲别针一样，可以有亿万种可能的变化。也许我们正被困在一个看似走投无路的境地，也许我们正困于一种两难的选择之间，这时一定要明白，这种境遇也许只是因为我们固执的定式思维所致，如果勇于打破惯有模式，就可能找到不止一条摆脱困境的路。

霍桑效应：警惕社交中的坏情绪

美国《读者文摘》中记录了这样一个故事：

一天深夜，一位医生突然接到一个陌生妇女打来的电话，对方的第一句话就是："我恨透他了！""他是谁？"医生问。"他是我的丈夫！"医生感到很突然，于是礼貌地告诉她："你打错电话了。"但是，这位妇女好像没听见似的，继续说个不停："我一天到晚要照顾四个小孩，他却以为我在家里享福。有时候我想出去散散心，他却不肯，而他自己天天晚上出去，说是有应酬，谁会相信……"尽管这中间医生一再打断她的话，告诉她，他并不认识她，但是她还是坚持把自己的话说完了。最后，她对这位素不相识的医生说：“您当然不认识我，可是这些话我憋在心里好久了，现在终于说了出来，我感觉舒服多了，谢谢您，对不起，打搅您了。”

每个人都会产生负面情绪，若长时间沉浸于负面情绪之中，身体就会受到损害。我们可以通过各种方式发泄自己的不良情绪，舒缓自己的压力，如喊叫、扔东西等，我们还可以冲着行驶的飞机、轮船等大叫，让交通工具把不愉快的情绪带走。我们应该由自己的精神、思想来决定情绪、态度。遇到逆境或困难时，人们都会情绪低落，灰心失望，这时应该学会发泄不满情绪，让自己重新振作，主动扭转不良的局面。这就是“霍桑效应”的作用。

社会心理学家所说的“霍桑效应”也就是“宣泄效应”。霍桑效应，它的发现来自一次失败的管理研究。

美国芝加哥郊外的霍桑工厂，是一个制造电话交换机的工厂。这个工厂具有较完善的娱乐设施、医疗制度和养老金制度等，但员工们仍牢骚满腹，生产状况也很不理想。为探求原因，1924年11月，美国国家研究委员会组织了一个包括心理学家在内的各方面专家参加的研究小组，在该工厂开展了一系列的试验研究。研究的中心课题是生产效率与工作物质条件之间的关系。研究中有一个“谈话试验”，即用两年多的时间，专家们找工人个别谈话达两万余人次，并规定专家在谈话过程中要耐心倾听工人们对厂方的各种意见和不满，并作详细记录，对工人的不满意见不准反驳和训斥。

这一“谈话试验”收到了意想不到的结果：霍桑工厂的产量大幅度提高。原来，工人长期以来对工厂的各种管理制度和方法有诸多不满，却无处发泄，“谈话试验”使他们把这些不满都发泄出来，从而感到心情舒畅，干劲儿倍增，工厂产量自然也就提高了。社会心理学家将这种奇妙的现象称为“霍桑效应”。

“霍桑效应”给我们的启示是：人在一生中会产生数不清的意愿和情绪，最终能实现、能满足的却为数不多。对那些未能实现的意愿和未能满足的情绪，切莫压制下去，而要千方百计地让它宣泄出来，这对人的身心和工作效率都非常有利。

压抑、克制意愿和情绪，会在心理上积蓄能量。虽然它可以通过别的途径转移，却不会被直接消灭。人们在压抑、克制阶段往往意识不到它的存在，但如果一直找不到宣泄的途径，它就会在心理上形成强大的潜压力。过分压抑会造成人们从心灵深处与外界日益隔绝，从致精神忧郁、孤独、苦闷、窒息；一旦控制不住，它就会冲破心理堤坝，使人做出某些变态的行为，甚至导致精神失常。所以宣泄是自我保护和养护的有效措施。

有人做过一个实验：用胶水把一只老鼠的肛门封住，这只老鼠排泄不出自己的粪便，大怒，就紧追自己的同伴咬，不依不饶，只到把同伴咬死为止。所以，有人调侃说，一个人要么做政治家，参与政治斗争；要么做艺术家，通过艺术宣泄心理能量；要么就要学会吵架，如果连架都不会吵，那么就只有生闷气的分儿了。虽然这种说法有开玩笑的成分，但却有一定的道理。古今中外，“文人好骂，军阀好战”，除了为了利益，也为了宣泄，圣人和常人的不同之处，就在于前者心态好一点，发泄得快一点。

当然心理宣泄不等于无原则地发泄，宣泄得不好，你会使自己处于不利境地。

对于经常参加社交活动的人来说，适当地宣泄不良情绪，有利于更好地与人交往，并时刻展现一个魅力风发、优雅迷人的你。

蝴蝶效应：千万别因小失大

1979年12月，洛伦兹在华盛顿的美国科学促进会的一次讲演中提出：一只蝴蝶在巴西扇动翅膀，有可能会在美国的得克萨斯引起一场龙卷风。他的演讲和结论给人们留下了极其深刻的印象。从此以后，“蝴蝶效应”之说就不胫而走了。

蝴蝶效应告诉我们，一些看似极微小的事情却有可能造成非常严重的后果。因此，无论是在政治、军事，还是商业领域中，如果能做到防微杜渐、亡羊补牢，那么就算不能完全防止蝴蝶效应的发生，也可以把它的影响降到最低。

对个人或组织来说，防微杜渐能让人们及时堵塞漏洞，防止危机的发生。但大多时候，人们想做到防微杜渐并不是一件容易的事。由于变化是渐进的，一年一年地、一月一月地、一日一日地、一时一时地、一分一分地、一秒一秒地渐进，犹如从很缓的斜坡走下来，人们很难察觉其递降的痕迹。

正是由于这种变化是不知不觉的，因此警觉性不高的人很难预防。这种过程慢得不易使自己感知，也不易使别人察觉。但越是这样越可怕，因为它一旦产生影响，将是不可逆转的。

对于事理之间，蝴蝶效应的影响是巨大的；而蝴蝶效应对于心理情绪的影响也是如此。

有这样一组漫画：一个人在单位被领导训了一顿，心里很恼火，回家冲妻子发起了脾气，妻子无缘无故地被训，也很生气，就摔门而去。走在街上，被一条宠物狗拦住了去路，狗冲着她“汪汪”狂吠，妻子更生气了，就一脚踢过去，小狗受到踢打，从一个老人面前狂奔而过，把老人吓了一跳。正巧这位老人有心脏病，被突然冲出的小狗一吓，当场心脏病发作，不治身亡。

这个蝴蝶效应是从某人“被领导训斥了一顿”导致心情不好而引发的。这则漫画故事告诉我们，情绪不好的时候要控制一下，否则将可能引发很多意想不到的事情。

许多人总不屑于小事和事物的细节，太自信于“天生我材必有用，千金散尽还复来”。殊不知，我们普通人大部分时间都在做一些小事，假如每个人都能把自己的每一件小事做成功、做到位，就已经很不简单了。

古人就提倡“天下大事，必作于细；天下难事，必成于易”。又说“勿以恶小而为之，勿以善小而不为”。无论做人还是做事，都要注重细节，把小事做好做细。

很多人一心渴望成功，追求成功，成功却往往了无踪影，这就是不注重细节的结果；有些人甘于平淡，认真做好每个细节，成功却不期而至，这就是细节的魅力，是一种水到渠成后的惊喜。

从某种意义上说，蝴蝶效应即是细节问题。蝴蝶效应告诉我们，如果我们平时不注重细节，将会导致整件事情的失败。

某大型公司准备招聘总经理助理一名，要求既懂业务又头脑灵活，而且看问题要全面。广告见报后仅仅一天时间，应聘材料便如雪片般飞来。公司人事经理在斟酌挑选后，几十人有幸被通知参加笔试。

笔试那天，应聘者们个个踌躇满志，成竹在胸，都显出志在必得的信心。很快，考试开始，人事经理把试卷发给每一位考生，只见试卷上试题是这样写的：

综合能力测试题（限时两分钟答完），请认真阅读试卷。

1.在试卷的左上角写上姓名。

2.写出三种热带植物的名称。

3.写出三座中国历史文化名城。

4.写出三座外国历史文化名城。

5.写出三位中国科学家的姓名。

6.写出三位外国科学家的姓名。

7.写出三本中国古典文学名著。

8.写出三本外国古典文学名著。

……

不少应聘者用眼睛匆忙扫了扫试卷，马上就动笔在试卷上写起来，考场上的空气都因紧张而显得有些凝固。

一分钟，两分钟……时间很快就到了，只有四五个人在规定的时间之内答完了试卷，而绝大多数人都未做完，而人事经理宣布考试结束，未按时交试卷的一律作废。考场上顿时像炸开了锅，未交卷的应聘者纷纷抱怨："时间这么短，题目又那么多，怎么可能按时交卷呢？""就是，试题又出得很偏。"

只见人事经理面带微笑地说："非常遗憾，虽然在座的各位不能进入本公司接下来的面试，但不妨都把你们手上的试卷带走，做个纪念。再认真看看，或许会对你们今后有所帮助。"言毕，人事经理很有礼貌地告辞了。

听完人事经理的话，不少人拿起手中的试卷继续往下看，只见后面的试题是这样的：

……

14.写出三句常用歇后语。

15.如果阁下看完了题目，请只做第一题。

在上述事例中，公司的试题主要考的是一个人总揽全局的能力，也是在考查一个人是否注重细节。一个伟大的作家，不一定描述故事的每个细节，但总是把关系到故事结局的细节描写得特别生动。一个真正成功的人，不一定关注每个细节，但绝对会特别注重可能关系胜负的细节。那些觉得自己重要到不屑

去关心任何细节的人，往往也不足以成就大事业。

一个人要养成重视小事的习惯，一些小事往往能反映出一个人做事的态度。不要忽略一些不起眼的小事或细节，有时正是这些小事或细节决定着一个人的成败。即使是一个微不足道的动作，也有可能改变一个人的一生。

过度理由效应：谁会轻信表面的理由

你是否有过这样的想法：当走在街上，偶然受到了陌生人的照顾，我们会喜出望外、感激连连，觉得这个人真是好，真是乐于助人；而当我们生病在家，父母为我们忙前忙后、煮粥做饭，我们却不觉得有什么特别，谁让他们是我们的父母呢！

同样，在家庭生活中，妻子和丈夫也常常有这样的感觉，彼此在一起时间久了，既没有了激情，也觉得对方没有当初那么疼爱自己了，甚至还不如自己的同事和同学，至少彼此在节日里还有个问候和或相邀聚餐。

为什么会这样呢？同样的一件事由不同人来做，就会在我们的心里产生不同的感觉，对我们过度熟悉的人，我们的感觉最浅，对于陌生人却可能会从心底产生波澜，这就是社会心理学中所讲的“过度理由效应”。

“过度理由效应”说的是：每个人都力图使自己和别人的行为看起来合理，因而总是为行为寻找原因。一旦找到足够的原因，人们就很少再继续找下去；而且，在寻找原因时，总是先找那些显而易见的外在原因。因此，如果外部原因足以对行为作出解释，人们一般就不再去寻找内部的原因了。

几个工厂的流水线操作工，经常边工作边聊天解闷，但是这样对产品质量和工作效率都造成了很大的影响，操作间的领导提示了他们很多次，却没有起到任何效果，因为这点事也不至于把他们开除或者扣奖金，所以领导想出了一个两全其美的办法。他让每个操作工都在工作的时候讲笑话，谁讲得最好就让谁休息一小时，开始大家都很踊跃，车间里总是笑声不断。过了两天，领导又让唱歌，谁唱得好就休息半个小时。又过了两天，领导又把唱歌改成了聊天，谁的话题最吸引人就可以休息10分钟。到最后领导干脆把这10分钟也取消了，随便讲吧，不让休息了。这下可好，大家看到没有奖励了，心里纷纷感到不快，觉得自己费尽心思连一分钟都不让休息，还不如省点力气干活，所以从那以后就很少有人再边工作边聊天了。

车间领导就是巧妙地利用了过度理由效应。在这个故事中，车间领导提出了一个虽然说服力并不强，却对操作工人有足够吸引力的理由，把这些工人引入了一个心理学上的小误区。对于这些操作工人来说，如果他们只用外在理由（得到休息时间）来解释自己的行为（聊天），那么，一旦外在理由不再存在（没有休息时间了），这种行为也将趋于终止。因此，如果我们希望某种行为得以保持，就不要给它过于充足的外部理由。

这则故事之所以有意思，就在于在“正面难攻”的情况下，这位车间领导采用了“奖励递减法”，从而起到了奇妙的心理效应。其实，这也是“过度理由效应”的另一方面：人们最喜欢那些对自己的喜欢、奖励、赞扬不断增加的人或物，最不喜欢那些不断减少的人或物。

这也是为什么我们经常会发现，虽然奖励制度能刺激员工在某种程度上保持高涨的热情，但是如果很长一段时间保持不变，奖励就会成为员工的过度理由；一旦这种奖励达不到他们心里期待的高度，结果就会适得其反。因此，要使一个人持续不断地努力，应该激发其内在的动力，而不能只靠外在奖励。否则很容易造成员工“为钱而工作”的心态。在给予恰当物质奖励的同时，还必须让职员自己勤奋、上进，喜欢这份工作，喜欢这家公司，而不是简单地把工

作与待遇挂钩。公司的管理者不能给员工过多的物质奖励，否则会使他们倾向于寻找浅层的行为动机——追求物质，从而淡化深层的原因——行为本身给他带来的快乐。如果行为只用外在理由来解释，那么，一旦外在理由不复存在，这种行为也将趋于终止。

大伟大学毕业后分到一个单位工作，刚一进单位，他决心好好表现一番，以给领导和同事们留下好的第一印象。于是，他每天提前到单位打水扫地，节假日主动要求加班，领导布置的任务有些明明有很大的难度，他也硬着头皮一概包揽下来。

本来，刚刚走上工作岗位的青年人积极表现一下自我是无可非议的，但问题是大伟此时的表现与其真正的思想觉悟、为人处世的一贯态度和行为模式相差甚远，夹杂着“过分表演”的成分,因而就难以坚持长久。没过多久，大伟水也不打了，地也不扫了，还经常迟到，对领导布置的任务更是挑肥拣瘦。结果，领导和同事们对他的印象由好转坏，甚至比对那些刚开始来的时候表现不佳的青年所持的印象还不好，因为大家对他已有了一个“高期待、高标准”。另外，大家认为他刚开始的积极表现全是装出来的，而诚实是我们社会评定一个人所考虑的核心品质。

因此，“过度理由效应”提醒人们，在日常工作与生活中，应该尽力避免由于自己的表现不当而造成他人对自己的印象向不良方向逆转。同样，它也提醒我们，在认识他人时，要避免受它的影响而形成错误的态度。

所以，通过对“过度理由效应”的了解，我们应该明白以下几个道理：

第一，当我们以感恩的心来看待周围的人或事时，我们就会发现生活中的“关心”与“爱护”。

第二，不要止步于任何外部理由，而要深入发掘外部理由背后的原因，哪怕这种理由看上去是一种无稽之谈。

第三，如果我们希望某种行为得以保持，就不要给它过于充分的外部理由，要主动去寻找行为的内部动机。

懊悔心理：总希望下一次能表现好

在日常生活中，我们经常会发现这样一种人，他们在做某些事情之后，会因为结果不尽如人意、自己有较大的损失、给自己或别人带来了某种无法挽救的伤害等，心里感到内疚和懊悔，这种感觉在一段时间内很难平复，有时甚至会成为一种心理疾病，影响人的一生。

懊悔是什么呢？是对昔日选择的沉重否定，迷茫地怨天尤人，虚度光阴。懊悔的人最容易说“早知如此，就……”“想当初，如果……”其实这都是借口，是对现实的逃避，是消极的表现。积极的人想得更多的是该如何收拾残局，因为他们知道，懊悔只能在人生长卷上更添一笔灰暗。

曾在一本心理学著作中读过这样一个故事：

有一位成功的精神病学家，执业多年，在精神病学界享有很高的声誉。他在将要退休时，发现在帮助自己改变生活方面最有用的老师，是他所谓的“四个小字”。头两个字是“要是”。他说：“我有许多病人，把时间都花在缅怀既往上，后悔当初该做而没有做的事，他们常说‘要是我在那次面试前准备得好一点……’或者‘要是我当初进了会计班……’”

在懊悔的海洋里打滚是严重的精神消耗。矫正的方法很简单：只须在你的词汇里抹掉“要是”二字，改用“下次”二字即可。当你开始感到懊悔时，你应该对自己说：“下次如有机会我应该……”

心理学家通过案例研究分析认为，不管是因为何种原因产生了懊悔心理，都具有积极和消极两种连锁效果。如果这种懊悔的情绪长期存在，人的精神就会被拽入其中，无暇用心做其他事情，战战兢兢和充满悔恨的状态，会促使一个人无法展现自己正常的状态。

对于那些明智的人来说，他们会让这种懊悔情绪变成一种激励自己更加奋发的力量，对于那些属于过去式的东西，过多地留恋和被其羁绊，对自己毫无益处。过去无法挽回，往事已成为历史，你再悔恨也不会有丝毫改变，重要的是吸取教训。人的一生中，最浪费时间的莫过于懊悔。懊悔具有相当大的破坏力，它可以将人积极上进的好心态彻底摧毁，让人变得萎靡不振。所以，千万不要老是惦念已往的过错，已经发生的事情并不会因你的后悔而有丝毫改变。

当你又在后悔既往时记得对自己说：“下次我不会再做错。”这样做能使你摒除懊悔，把时间和心思用于现在和将来。

一位心理学家这样告诫他的学生：人生的道路不是笔直、宽阔、平坦的。无论求学、就业、择偶、成才还是组建家庭，人们都可能遇到各种意想不到的艰难。许多人常常钻不出自我的圈子，他们为自己在曲折中的失误而产生种种懊悔。懊悔意味着人在现实中由于过去的行为而产生惰性。有人认为只有保持懊悔才能让自己变得更好。其实，懊悔并不能让自己变得更好，更不能创造未来，它只会给今天造成不必要的负担。过多的懊悔，还会磨灭对未来的追求。若沉溺于懊悔之中，对人的精神也是一种折磨。

苏联生理学家巴甫洛夫说过：“不要让头经常朝后看，它能够使你怅然若失。”面对已经发生的事情，懂得放下，是克制懊悔心理发生消极作用的一个有效的方法。

在生活中你会发现，那些看似愚蠢的可以避免的错误，往往更容易让人们懊悔不已，尤其是一些看似能够改变我们人生的重大问题。我们由于自己的判断失误而犯了重大的错误，然后开始后悔自己当时的行为和决定，而且这种懊悔的情绪往往会维持相当长一段时间，在这段时间里，我们几乎无法正常工作和思考，犯错误的那一幕会时时跳出来扰乱我们的情绪，让我们变得不开心。有的人甚至一辈子都在各种各样的懊悔中度过，他们亲手毁掉了自己本应幸福的一生。

面对已成事实的问题，心理学家指出，我们可以想办法改变刚刚发生的事情所产生的影响，但是我们不可能去改变当时所发生的事情。唯一可以使过去的错误产生价值的方法，就是从错误中得到教训，然后把错误忘掉。

毛毛虫效应：从众心理让你更心安

法国心理学家约翰·法伯曾经做过一个著名的实验：把许多毛毛虫放在一个花盆的边缘上，使其首尾相接，围成一圈，并在花盆周围不远的地方撒了一些毛毛虫喜欢吃的松叶。

约翰·法伯在做这个实验前曾经设想：毛毛虫会很快厌倦这种毫无意义的绕圈而转向它们比较爱吃的食物。然而遗憾的是毛毛虫并没有这样做。

实验开始，毛毛虫一个跟着一个，绕着花盆的边缘一圈一圈地蠕动，一小时过去了，一天过去了，又一天过去了，这些毛毛虫虽然已经疲惫不堪，但还是夜以继日地绕着花盆的边缘在转圈，一连绕了七天七夜，它们最终因为饥饿和精疲力竭而相继死去。

后来人们把这个实验称为“毛毛虫实验”，把这种喜欢跟着前人的路线走的习惯称为“跟随者”习惯，把因跟随而导致失败的现象称为“毛毛虫效

应”，而这个效应所反映的便是一种“从众心理”。

在自然界中，在许多比毛毛虫更高级的生物身上，这一效应也发挥着作用，而在最高级的动物“人”的身上，最容易看到的、受影响最深的便是“从众心理”。

“从众”是一种比较普遍的社会心理和行为现象。通俗的解释就是“人云亦云”“随大流”：大家都这么认为，我也就这么认为；大家都这么做，我也就跟着这么做。人是群居的动物，因此，人的从众心理更为强烈。比如说，在工作、学习和日常生活中，对于那些“轻车熟路”的问题，人们会下意识地重复一些现成的思考过程和行为方式，因此很容易产生思想上的惯性，也就是不由自主地依靠既有的经验、按固定思路去考虑问题，不愿意转个方向、换个角度想问题。

生活中，某些商业广告就是利用人们的从众心理，把自己的商品炒热，从而达到销售目的。广告宣传、新闻媒介报道本属平常之事，但有从众心理的人常常会跟着“凑热闹”。俗话说：“真理往往掌握在少数人手中。”但是，一旦你对自己产生怀疑，就很可能上别人的当，认为大多数人认为正确的才是真正正确的，如此一来，你不仅会失去正确的观念和认识，还可能失去本属于自己的成功。

在印度流传着这样一个故事：

在很久以前，有一婆罗门对祭祀特别虔诚。有一次，他从别的村庄找了一只又肥又大的羊，准备回去用它举行祭祀礼仪。

有三个流氓看到他扛着这只又大又肥的羊，垂涎三尺，就密谋着分别从三条道迎面向这个婆罗门走去，欲施计得到这只羊。

第一个流氓碰到婆罗门说：“哎呀，你怎么做这样可笑的事，把一只肮脏的狗扛到肩上。” 婆罗门非常生气地对他说：“你瞎眼了，把祭祀的羊看成狗。”流氓就说：“婆罗门，你不听我的话，我也没有办法。你自己愿意就随便好了。”说完，这个流氓走了。

没走多远，第二个流氓走了上来。对婆罗门说：“哎呀，即使你喜欢一只死了的狗，也不要把它扛在肩上呀。这不太好吧！” 婆罗门非常气愤，对他说：“你怎么把祭祀的羊看成了狗，真是瞎了眼。”那个流氓说：“婆罗门，你不要发火，你自己愿意别人也管不了呀。”说完也走了。

又没走多远，第三个流氓走了上来。他对婆罗门也说着同样内容话，硬是把一只羊说成是一条狗。婆罗门把他也怒骂了一通。

三个流氓走了后，婆罗门就不断地想着他们三人的话。“这明明是羊啊，他们三人为什么都说这是一只死狗呀？”他又想，“不好，这如果真是只狗，我还把它扛在肩上，实在是太可怕了。因为碰到死狗的人会遭到不测呀！”

婆罗门边走边想，越想越害怕，这要真是狗怎么办。最后，他说服不了自己了，竟真以为自己扛的是一只死狗。他赶忙停了下来，扔掉了这只自己亲手讨来的肥羊，一路跑着回家去了。他要赶紧回去把满身的秽气和不吉利洗掉。

三个流氓看着婆罗门把羊扔掉，终于如愿以偿了。他们三人兴高采烈地扛着那只肥羊走了。

婆罗门连续三次遇到路人将自己扛着的羊认作是狗，于是心生怀疑，最后真的把羊当作了狗，扔掉了亲手讨来的肥羊，便宜了设圈套的三个流氓。这就是从众心理对人最大的影响。

心理学家通过进一步的研究发现，不同类型的人从众行为的程度也不一样。一般来说，女性的从众心理高于男性；性格内向、有自卑感的人高于外向、自信的人；文化程度低的人高于文化程度高的人；年龄小的人高于年龄大的人；社会阅历浅的人高于社会阅历丰富的人。

在现实生活中，从众心理会导致人们失去自己的个性，对自己曾经的认

知产生怀疑，甚至会彻底颠覆曾经一直信守的价值观、世界观。其实，每个人都应对自己、对自己所生存的环境有一个客观的认识和评价，对自己的人生和追求有基本的设想和衡量，不要盲目地相信广告宣传，不要听信谣传，对任何事情都要从本质入手，有自己的理解。记住，人云亦云、随大流只会让你流于俗，失去辨别的能力！

超限效应：说话要把握分寸

心理专家认为，人的心理承受能力都有一个限度，心理学上将这种限度称为“阈限”。当某种刺激过多过强，超过一个人所能承受的最低阈限时，人就会产生心理疲惫，形成沮丧、懊悔等负面情绪。这时，人们为了保护自己，就会如弹簧一样将压力反弹回去，而产生超限效应，表现出不耐烦甚至反抗的行为。

这种现象在日常生活和日常交际中屡见不鲜。如：当孩子不用心而没考好时，父母就会不厌其烦地重复对一件事作同样的批评，甚至把不相关的事情也牵扯出来唠叨，使孩子从内疚不安到不耐烦，最后产生反感、厌恶。被“逼急”了，就会出现“我偏要这样”的反抗心理和行为。可见，家长对孩子的批评不能超过限度，应对孩子“犯一次错，只批评一次”。即便非要再次批评，也不应简单地重复，要换个角度，换种说法。这样孩子才不会觉得同样的错误被“抓住不放”，厌烦心理、叛逆心理也会随之减弱。

同样，与亲朋好友、同事、同学聚在一起的时候，大家不免会开开玩笑，相互取乐。这是人际交往的一种方式，通过这种方式，彼此能够沟通感情，加深了解。它能为枯燥的生活增添许多乐趣，人若生活得过分严肃，便会少了情趣，显得呆板。同时，你的呆板会减少你的亲和力，使他人不愿与你接近，所以精神要有张有弛才好。所谓精神的弛，就是要学会与人有说有笑，适时适度地说些风趣的话、说些诙谐的话。

不过，凡事有利就有弊，开玩笑也要把握分寸，适度的玩笑能够拉近彼此的距离，成为人生的乐事，如果玩笑开得太过分，就会伤了感情，甚至令彼此断绝往来。

有一天，几个同事在办公室聊天，其中有一位李姐32岁了还未婚，她昨天配了一副眼镜，于是拿出来让大家看看她戴上好看不好看，大家不愿扫她的兴，都说很不错。

这时，同事老王因此事想起一个笑话，便立刻说出来："有一个老小姐走进皮鞋店买鞋，鞋店老板蹲下来替她量脚的尺寸，这位老小姐是个近视眼，看到店老板光秃秃的头，以为是她自己的膝盖露出来了，连忙用裙子将它盖住，立刻，她听到店老板叫道：'混蛋！保险丝又断了！'"他话音刚落，大家便哄笑起来。事后大家竟再也没见到李姐戴眼镜，而且碰到老王时她再也不和他打招呼了。

其中的原因不说自明。说者无心，听者有意，在老王看来，他只联想起一则关于近视眼的笑话。然而，李姐则可能认为：你笑我戴眼镜不要紧，竟还影射我是个老小姐。

所以，说笑话要先看看对哪些人说，再想想会不会引起别人的误会。像上面的笑话就严重地伤害了别人的自尊，这是老王始料不及的。

俗话说，"好菜连吃三天惹人厌，好戏连演三天惹人烦。"一个人说话，如果总是喋喋不休、没完没了，就会让人不耐烦。关于这个问题，墨子有一个很形象的比喻。一天，墨子的弟子问他："老师，人是说话多好还是说话少好呢？"墨子沉思片刻后说："话不在多少，而在于恰当。田间的青蛙每天都

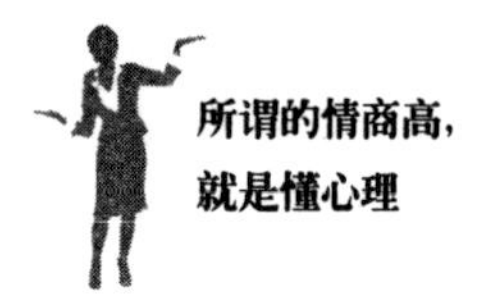

叫个不停，但是人们都不予理睬；而雄鸡每天只是啼鸣两三声，人们就应声而起。”可见，语言作用的大小，不在于“数量”，而在于“质量”。

在平时生活中，与人交流或是作演讲的时候，要掌握好“火候”，否则就会过犹不及。

比如，在单位领导作报告的时候，开始你听得还挺有兴趣；但是当领导一再地反复强调那几个问题的时候，你的注意力就开始分散了；接着，如果领导还是在重复那几个问题，你就会产生反感，而且对领导的好感也开始消减，最后可能就讨厌这个领导了。

在演讲的时候，有的人喜欢长篇大论，滔滔不绝，自我感觉良好，在浪费听众宝贵时间的同时，却只能提供给听众很有限的信息，让人厌烦；而有的人喜欢把自己的意思浓缩成一句话，犹如一颗石子，在听众平静的心湖激起层层波浪，让人意犹未尽。

说话滔滔不绝、不停唠叨的人，常常不考虑听者的感受，不考虑自己所说的话是不是别人需要的，也经常不给他人说话的机会，所以很容易招人厌烦。记住，任何沟通，特别是指在诱发别人改变态度的说服和引导，都必须避免无意义的重复，否则效果就会适得其反。

所以，我们在做任何事的时候都应当注意“度”。如果“过度”，就会产生超限效应，因此，我们一定要掌握好尺度，要多站在别人的立场上想一想，学会换位思考，切不可以自我为中心，毫不注意表达方式，当然更要注意把握好“度”，在别人不耐烦之前尽快结束你的演讲。只有这样，才能恰到好处地避免“超限效应”的负面影响。

第2章　心理效应：心理博弈，让你提升社交技能

在人与人的交往过程中，彼此在对方心中的形象会发生变化，给对方带来不一样的感觉和印象，这些心理效应会对双方的关系产生很大的影响。影响人际吸引的因素有很多，涉及很多方面，比如第一印象的好坏，是否善于倾听和是否具有亲和力等，只有了解了这些，并在实际交往中巧妙应用这些心理策略，才能消除不良的影响，增加好的印象和感觉，从而让别人喜欢你，让彼此建立起长久稳固的人际关系。

首因效应：完美的第一印象至关重要

有这样一个故事：

一个新闻系的毕业生正急于寻找工作。一天，他到某报社对总编说："你们需要一个编辑吗？"

"不需要！"

"那么记者呢？"

"不需要！"

"那么排字工人、校对呢？"

"不，我们现在什么空缺也没有了。"

"那么，你们一定需要这个东西。"说着他从公文包中拿出一块精致的小牌子，上面写着"额满，暂不雇用"。总编看了看牌子，微笑着点了点头，说："如果你愿意，可以到我们的广告部工作。"

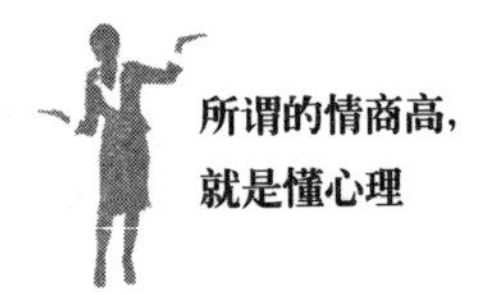

这个大学生通过自己制作的牌子表现了自己的机智和乐观，给总编留下了美好的“第一印象”，引起其极大的兴趣，从而为自己赢得了一份满意的工作。这种“第一印象”的微妙作用，在心理学上称为首因效应。

俗话说，“良好的开端是成功的一半”“新官上任三把火”，说的就是首因效应对人们的重大影响。首因效应，指人们根据最初获得的信息所形成的印象不易改变，甚至会左右对后来获得的新信息的解释。

从上面这个小故事中，我们可以看到，“第一印象”相当重要。有时候，“第一印象”可以决定一个人的前途，甚至是命运。“首因效应”体现在先入为主上，这种先入为主给人带来的第一印象是鲜明的、强烈的、过目难忘的；对方也最容易将你的“首因效应”存进他的大脑档案，留下难以磨灭的印象。虽然我们也知道仅凭一次见面就给对方下结论为时过早，“首因效应”并不完全可靠，甚至还有可能会出现很大的差错，但是，绝大多数的人还是会下意识地跟着“首因效应”的感觉走。

因此，在日常交往过程中，尤其是在与别人初次交往时，一定要注意给别人留下美好的印象。要做到这一点，首先，要注重仪表风度，一般情况下，人们都愿意同衣着干净整齐、落落大方的人接触和交往；其次，要注意言谈得体、言辞幽默、侃侃而谈、不卑不亢、举止优雅，这样才会给人留下难以忘怀的印象。首因效应在人们的交往中起着非常微妙的作用，只要能准确地把握它，一定能给自己的事业营造出良好的人际关系。

当然，对于一些不谙此道、不太注重“首因效应”的人，很可能会因为给人的“第一印象”不好而吃亏。

一天上午，潘岳赶到某公司参加最后一轮的应聘，主考官正是该公司的老总。考试时间快要结束时，潘岳才满头大汗地赶到了考场。老总瞟了一眼坐在自己面前的潘岳，只见他大滴的汗珠子从额头上冒出来，满脸通红，上身穿了

一件红格子衬衣，加上满头乱糟糟的头发，给人一种疲疲沓沓的感觉。老总仔细地打量了他一阵，疑惑地问道："你是研究生毕业？"似乎对他的学历开始表示怀疑。潘岳很尴尬地点点头回答："是的。"接着，心存疑虑的老总向他提出了几个专业性很强的问题，潘岳渐渐静下心来，回答得头头是道。最终，老总经过再三考虑，总算决定录用潘岳。

潘岳第一天来上班时，老总把他叫到自己的办公室，对他说："本来，在我第一眼见到你的时候，我并不打算录用你，你知道为什么吗？"潘岳摇摇头。老总接着说："当时你的那副尊容实在让人不敢恭维，满头冒汗，头发散乱，衣冠不整，特别是你那件红格子衬衫，更是显得不伦不类的，根本不像个研究生，倒像个自由散漫的社会小混混。你给我的第一印象实在是糟糕透了。要不是你后来问题回答得很出色，你一定会被淘汰。"

潘岳听罢，红着脸说明原因："昨天我来应聘时，在大街上看见有人遇上了车祸，我就主动协助司机把伤员抬上了出租车，并且和另外一个路人把伤员送去医院。从医院里出来，我发现自己的衣服沾了血迹，于是，我就回家去换衣服。不巧我的衣服都还没干，我就把我弟弟的一件衬衫穿来了。因为耽误了不少时间，我就拼命地赶路，所以，虽然时间赶上了，却是一副狼狈相……"

老总这才点点头说："难得你有助人为乐的好品质。不过，以后与陌生人第一次见面，千万要注意自己给别人的第一印象啊！"

对于很多年轻人来说，接近一个好机会并不难，难的是抓住这次机会。要抓住成功的机会，有时候只要一眼就够了，因为第一眼往往注定了结果的好坏。这个故事中的主角潘岳，差一点因为自己的不良形象而失去一份难得的工作，要不是该公司的老总能够看出他的真才实学，能够深入地了解他，恐怕他就和这个公司无缘了。

一个人的外在形象对他能否获得成功也有着很大的影响。生活中，有许

多优秀的“千里马”，由于没有给“伯乐”们留下一个好的印象，而被认为是“普通马”，以致与成功失之交臂。因此，现代社会，很多年轻人都明白，在面试中，自己很可能会因为不得体的穿着和举止而遭到拒绝，因而他们在面试之前做好充分准备，保持自己的服饰整洁得体，对着镜子精心“演练”自己的一言一行……这各式各样的努力，都是为了给别人留下一个好的第一印象。

心理学家认为，给人留下第一印象的主要是性别、年龄、衣着、姿势、面部表情等“外部特征”。一般情况下，一个人的体态、姿势、谈吐、衣着打扮等都在一定程度上反映出这个人的内在素养和其他个性特征。

穿着打扮的重要意义不言而喻，因此，怎样才能做得好，是每个人都应该注意的问题。

首先，要符合穿衣人的身份。身份包括几个特点：性别、年龄、职位和民族。就是说，要有正确的自我定位。

其次，要懂得扬长避短。每个人的身材都有优点，也有缺点。穿着打扮时一定要善于扬长避短。

再次，要知道区分场合。在穿着打扮方面，很多人都会遇到这样一个复杂的问题，那就是需要面对的场合多种多样。实际上，主要可分为以下三个场合。

第一，办公场合。在这种场合下，要求的是庄重保守，这样才能显得你很稳重。

第二，社交场合。社交指工作之余的应酬，这时的穿着主要应得体大方。

第三，休闲场合。在这种场合不必太讲究穿着，只要让自己感到放松、舒适即可。

当然，穿戴也不应太过夸张，要尽量大众化。所谓大众化，就是自己的穿戴不要与他人格格不入，否则，就容易使自己显得很难堪。

最后，要记得遵守常规。这是指在穿衣着装时也有些约定俗成的规矩。比如，穿西服时，全身的颜色不能多于三种；鞋子、腰带、公文包应尽量为同一颜色等。

近因效应：不好的印象要尽快消除

所谓近因效应，指的是在与人交往的过程中最近一次接触时给人留下的印象对社会知觉的影响作用。在经常接触、长期共事的人之间，彼此往往都将对方的最后一次印象作为认识与评价的依据，并常常使彼此的人际交往和人际关系发生质和量的变化。现实生活中的夫妻反目、朋友绝交等，都与近因效应有关。

近因效应是人的社会交往的又一偏见，它对人际关系特别是友谊产生的影响极其微妙，轻者会导致某方或双方心里别扭一番，彼此不愉快，重者还可能酿成悲剧，断送友谊。例如，一直默契要好的同事或好朋友，忽然冒犯了自己，轻则内心恼怒、情绪激动；重则反唇相讥、针锋相对，甚至大吵大闹、大打出手。这就是近因效应使原来的良好印象所剩无几，甚至荡然无存。一般来说，熟悉的人，如朋友、同学、同事，特别是亲密的人之间容易出现近因效应。

因此，与他人产生矛盾时，应该忍让，防止激化。待心平气和时，彼此再理论，明辨是非，更不可报复对方。遇到此类问题，最好的办法是：强迫自己控制情绪。可找一张纸，竖向折叠，左边写出交往以来对方的好，右边写出交往以来对方的不好。只要左边比右边多，写着写着，激动的情绪就差不多控制住了。从另一个角度讲，既然存在近因效应，那么我们在与同事、朋友、同学等熟人相处时就要尽量不把话说死、把事做绝，给别人多留下一点好印象，以改善固有的印象，这是人际关系的润滑剂。

“近因效应”的功能明确告诉我们：怒责之后莫忘安慰。也就是说，在批评过程中，批评者难免有些情绪化，但只要结束语妥帖，再安慰几句，就能给人留下一个好的印象。例如：“……也许，我的话讲得重了一点，但愿你能理解我的一番苦心。”“……很抱歉，刚才我太激动了，希望你能好好加油！”用这种话做结束语，对方就会有受勉励之感，认为虽然这一番批评严厉了一点，但都是为自己好。相反，如果用“懂了没有”“听不听由你，到时候倒霉的是你”“如果再犯，我绝不会饶你”等命令式的结束语，只会给对方留下一个糟糕的印象。

美国某职业棒球队的一位名投手，由于某一个后进球员犯了不该犯的失误，气得他当场把棒球手套狠狠地摔在了地上；然而在比赛结束之后，他还是上前拍了拍那个后进球员的肩膀说：“不要难过，我知道你也尽了力，下次好好加油吧！”这是一句多么适时而得体的安慰话啊！

因此，我们在社交场合说话时，也应注意语句的先后顺序，尽可能使它产生一个良好的近因效应。我们何不学学上面那名投手，在怒责之后加上一句：“其实，你还是很不错的。”即便一时实在想不出安慰的话，也应该对挨批评的人笑一笑，或拍拍他的肩膀。这种“一巴掌之后赶紧给他揉揉”的做法，能使他忘记前面那一巴掌的痛。这就是近因效应给我们的启示。

近因效应使我们仅仅根据人的一时一事去评价一个人或人际关系，割裂了历史与现实、现象与本质的关系，妨碍我们客观地、历史地看待人和客观事实，常常造成人与人之间的心理冲突，对我们的实际工作和生活有着消极的影响。

所谓“近因”，是指个体最近获得的信息。与首因效应相反，近因效应是指在多种刺激依次出现的时候，印象的形成主要取决于后面出现的刺激，即在交往过程中我们对他人最近、最新的认识占据了主体地位，掩盖了以往形成的对他人的评价，因此，近因效应也称为“新颖效应”。多年不见的朋友，在自己脑海中印象最深的，其实就是临别时的情景；一个朋友总是让你生气，可是谈起生气的原因，大概只能说上两三条，这也是一种近因效应的表现。在学习和人际交往中，这两种现象很常见。

应该明确的是，不论是首因效应还是近因效应，都是短期效应，据此决策都有一定的片面性。只有善加应用，才能更好地改善我们的人际关系。

晕轮效应：为对方营造美好的假象

“晕轮效应”，又称“光环效应”“成见效应”“光晕现象”，是指在人际相互作用过程中形成的一种夸大的社会印象，正如日月的光辉，在云雾的作用下扩大到四周，形成一种光环作用。简单地说，就是人们对一个人形成了某种印象后，这种印象会影响人们对他特质的判断，人们会习惯以与这种印象相一致的方式去估价其所有的特质。

不难发现，拍广告片的多数是那些有名的歌星、影星，而很少见到那些名不见经传的小人物，因为明星推出的商品更容易得到大家的认同。一个作家一旦出名，以前压在箱子底的稿件全然不愁发表，所有著作都不愁销售，这都是晕轮效应。

郭清是某旅行社的导游，一次他接待了一个外国旅游团。

游览路上，郭清的客人曾对郭清说，到了西安，一定要增加“品尝羊肉泡馍”这个项目，可是到了西安，郭清把这事给忘记了。等到了大理，客人又提

起了这件事，郭清吓了一跳，赶紧向客人道歉，并表示要增加其他节目作为补偿。郭清担心，客人会对他有意见。没想到，客人反而把郭清安慰了一番。

按道理说，人家不远万里来到中国，自己却没有满足客人的要求，客人肯定会有意见的。这个结果真是大大出乎郭清所料。

原来，团队入境不久，郭清做了两件让客人非常感动、非常佩服的事。

第一件事发生在上海外滩游览时，一个小偷偷了客人的提包，郭清发现后纵身从高台上往下一跳，截住了小偷的去路。那提包是一对夫妇的，里面除了钱和证件之外，还有去欧洲参加一个会议的机票，散团之后他们就要从香港去欧洲，一天也不能耽搁。这对夫妇自然对郭清感激不尽，全团的客人也都赞叹不已，说是看见郭清从那个高台上往下跳的时候，都惊呆了。

第二件事发生在杭州西湖。那天，在湖边拍照的几个老外中的一位老先生，一不小心掉进湖里去了，在场的人一下全愣在了那里，郭清正好在那边。他见此情景，把公文包朝地上一扔，就跳进湖里救人。等船工把救生圈扔过来的时候，郭清已经把那位老先生从水里救起来了。郭清团里的客人都让郭清赶紧回酒店，说有当地的导游在这里就行了，尽管放心。

经过这样两件事，客人都很佩服郭清，虽然他有些失误，但客人们都认为他是无心的，还主动和领导说郭清有多么好，并不停地称赞他呢！

在这个事例中，郭清因为抓小偷和救人，突出表现了他的优秀品质。客人认为郭清是一位人格高尚的导游，于是，漏订羊肉泡馍的失误便被他人格高尚的光环遮掩了。

在日常生活中，人们在进行判断时也经常会受晕轮效应的影响。比如说，生活中每个人都会有这样的经历：听说新到任的上司非常严厉苛刻，见到他之后就会胆战心惊、毕恭毕敬；看到一位老师在课上体罚学生，就认为这位老师很讨厌，不喜欢上他的课；知道一位同事的父亲是著名的文人，便觉得这位同事也知识渊博，浑身上下都散发着文化气息，即使性格和行为上有些不妥，也会想当然地认为那是文人的一些个性和怪癖。这种以“对人或事物留下的最初印象判断此人或此事件其他方面也具有同样品质”的现象就是“晕轮效应”。

我们在日常人际交往中一定要注意树立和维护自己的良好形象，使自己的言行举止合乎礼仪规范。我们要善于运用晕轮效应，让自己的优点被别人认可，让自己成为它的受益者，而非受害者。

无论是凭借第一印象，还是“由表及里”地推断问题，又或者是思想刻板时对一个人或者事物所作出的推断，往往都会含有很大的偏见成分，这也就为“晕轮效应”的产生提供了温床。因此，我们在学会利用“晕轮效应”的同时，也要预防自己被“晕轮效应”所左右，在认识他人的问题上，要注重了解对方的内心、行为等深层结构，冷静、客观地对待第一印象，不能满足于表象，这样我们才能在人际交往中始终处于有利位置。

亲和效应：让别人感到你是“自己人”

在人际交往和认知过程中，人们往往存在一种倾向，即对于自己较为亲近的对象，更加乐于接近。

在交际应酬中，人们往往会因为彼此间存在某种共同之处或相似之处，从而感到相互之间更加容易接近。而这种相互接近，通常又会使交往对象之间萌生一种亲切感，并且可以更加相互接近、相互体谅。交往对象由接近而亲密、由亲密而进一步接近的这种相互作用，就是所谓的“亲和效应”。

心理学上通常用“自己人”来形容这种亲和关系。在现实生活里，人们往往更喜欢把那些与自己志向相同、利益一致，或者同属于某一团体、组织的人

视为“自己人”。因为是“自己人”，所以相互之间自然更容易接近。

在心理定式作用下，“自己人”之间的相互交往与认知必然会在其深度、广度、动机、效果上超过“非自己人”之间的交往与认知。建立这种自己人关系的首要一点，就是找出自己与周围人的共同之处，它可以是血缘、姻缘、地缘、学缘、业缘关系，可以是志向、兴趣、爱好、利益，也可以是彼此共处于同一团体或同一组织。

俗话说，自己人好办事。这一点充分说明了建立亲和关系的积极作用。在我们与他人的交往过程中，可以多谈谈“咱们”的事儿，这样自然就会形成一个个亲密关系的联盟。对于不是“自己人”的人，最好也要尽量往“自己人”的方向上靠。人类本来就是一个大家庭，若有心寻找共同点，总会有所发现的。

美国作家赛珍珠在第二次世界大战期间，曾发表过一篇对中国人民的广播演讲，这篇演讲深深地打动了中国人的心。在演讲中她是这么说的：“我今天说话不完全是站在一个美国人的立场上，因为我也是一个中国人。我一生的大半时间，都是在中国度过的。我生下3个月，就被父母带到了中国。我开口说话的时候，也是先说的中国话。我小时跟着父母，并没有住过什么通商大埠。十数年间，我们到的地方是浙江、江苏、江西、湖南、安徽、山东各省的小城市、小村庄，清浦、镇江、丹阳、岳州、蚌埠、徐州、南州……这些地方，是我最熟识的。

可是我最爱的，是中国的农田乡村。后来我长大了，又在南京住了17年。我曾亲眼看见南京在几年之内由一个古旧的城市变成一个新的都市。但是无论我住在什么地方，我与中国人相处，都亲如同胞。因为小的时候，我的玩伴是中国孩子；成人以后，来往的又是中国的朋友们。现在我人虽已归故国，心中却没有忘掉旧日的朋友。所以今天我要从这两种立场说话。我既在中国长大成人，又在美国住了多年，受到了双方的教育，有了双方的经验，我觉得我是属于两个国家的。”

赛珍珠一再提及中国人熟悉的地名，强调自己与中国人关系密切，对于听众而言，这些熟悉地方的风土人情和自己的种种经历立刻历历在目，而一个陌生的外国演讲者此时似乎也成了曾经同行的旅伴，国籍的界限模糊了，一种亲切感便油然而生。

如果是面对面的交谈，还有一种“自曝隐私”的小技巧，对增强亲和力也很有效果。

一般而言，在交谈中，人往往担心暴露自己的真实情感，并试图隐瞒自己的隐私，以防对方对自己产生不好的印象。但现在为什么反行其道呢？原来，这种说话技巧的奥妙在于它克服了人们认生的心理。初次见面时，一个高明的谈话者会满不在乎地闲聊这样的话题：“我儿子上课老搞小动作，那孩子可真让我操了不少心呀！”或者：“昨天我家先生不小心把烟头掉在了他的外衣上，结果烧了一个大窟窿。”听者怎么也想不到对自己很陌生的人会说这么多自家的事，对自己这么亲近，于是在不知不觉中也安下心来开始与之融洽地闲聊了。自曝隐私的做法可以让对方迅速放下戒备心理，引导对方也敞开心扉，从而轻而易举地与之构建亲密的关系。能够表现自己亲和力的人，很容易在社交中获得别人的好感，结识更多的朋友。

人都喜欢待在熟悉的环境里，和熟悉的、和善的朋友交流。这不仅让我们觉得没有危险，而且这种氛围更具感染力。很多时候，我们经常说起某个人天生有人缘儿，即使在一个陌生的环境，只要一开口，就能马上调动起周围人的情绪，赢得大家的好感。而有的人即使心怀善意、满脸堆笑，也很难快速融入一个新的环境中，顺利地和其中的人交流。心理学家认为，人缘好的人，他们在有意或无意中利用了心理学上的“亲和效应”，其中的关键点是：挖掘共同点，使别人成为“自己人”。

登门槛效应：先提出一个对方易于接受的要求

心理学家认为，一下子向别人提出一个较大的要求，人们一般很难接受；如果逐步提出要求，不断缩小差距，人们就比较容易接受了。这主要是由于人们在不断满足小要求的过程中已经逐渐适应，意识不到逐渐提高的要求已经大大偏离了自己的初衷。

日常生活中，我们也经常会遇到这种情况，比如，在汽车销售中，最基本的配置价格往往会很便宜，再往上增加配置的同时，价格也会增加，顾客为了达到形象的一致性，通常会选择购买。在你请求别人帮助时，如果一开始就提出较大的要求，很容易遭到拒绝。如果你先提出较小的要求，别人同意后再增加要求的分量，则更容易达到目标。

一些大学生志愿者在学校周围的社区进行实验，首先让一些拥有汽车的家庭填写环保志愿书和安全驾驶保证书，这些家庭很高兴地接受了这个请求；之后的几天，大学生们又去相同的家庭，希望他们将一个环保标签贴在车身上，这些家庭大部分有所犹豫，但还是答应了。两周后，学生再次访问这个社区，要求一些家庭在今后的两周时间里在院内竖立一个呼吁安全驾驶的大招牌。该招牌不太美观，这可以算是一个“大要求”。结果，曾经接受过第一次和第二次请求的家庭中有55%的家庭依然接受了这项要求，而那些前两次没被访问的家庭中只有17%的家庭接受了该要求。

这个实验说明，人们一旦表现出助人、合作的言行，即便别人后来的要求有些过分，人们还是愿意接受。

这是因为，人们都希望在别人面前保持一个比较一致的形象，不希望别人把自己看作“喜怒无常”的人。因而，在接受别人的要求、对别人提供帮助之后，再拒绝别人就变得更加困难了。如果这种要求给自己造成的损失并不大的话，人们往往会有一种“反正都已经帮了，再帮一次又何妨”的心理。于是，登门槛效应就发生作用了。

“登门槛效应”说明：如果一上来就登“高门槛”，向他人提出一个较多、较高的要求，往往无法实现；但如果先设“低门槛”，再逐步“登高”，对方就比较容易接受。被求助者在不断满足求助者的小要求的过程中，已经在心理上逐渐适应了，常会一如既往地表现出热情慷慨的一面，这样你就能慢慢达到自己想要的目标了。

因此，在日常人际交往当中，不妨尝试运用登门槛效应，让自己的分量在对方心理逐渐加重，在求人办事的时候从最简单的要求入手，让对方在不知不觉之中成全自己！

第3章　举一反三：了解心理效应，远离“心理圈套”

你上过当吗？受过骗吗？知道自己为什么会落入别人的圈套吗？知道为什么算命先生说得那么准，为什么人越多工作效率越低，为什么我们会购买自己并不需要的东西吗？每一个为什么里面都包含一个心理陷阱，充分了解这些心理陷阱，将会使你在人际交往中如鱼得水……

责任分散效应：为何人越多效率越低

为什么在人与人的合作中会出现“一个人敷衍了事，两个人相互推诿，三个人则无法成事”“人越多工作效率越低”的现象呢？这是因为人与人的合作并不是简单的数量相加，而会受到很多因素的干扰，关系非常复杂和微妙。比如，两个人之间只存在一种关系，三个人就会存在三种关系，四个人就会存在六种关系……关系种类是以几何级数增长的。在人与人的合作中，假定每个人的能力都为1，那么10个人的合作结果就有时比10大得多，有时甚至比1还要小。因为人不是静止的动物，而更像方向各异的能量，相互推动时自然事半功倍，相互抵触时则一事无成。

具体说来，当一个人从事某项工作时，由于不存在旁观者，自然由他一个人承担全部责任，虽然可能会有点敷衍了事，但也能勉强成事，所以“一个和尚挑水喝”。如果有两个人，虽然两个人都有责任，但是因为有另一个旁观者在场，所以两个人都会犹豫不决，相互推诿，最后只好“两个和尚抬水喝”。

如果有三个或三个以上的人，旁观者就更多，情况就更加复杂，关系也更加微妙，彼此之间相互“踢皮球”，结果“永无成事之日”，最后落得“三个和尚没水喝”。

1964年3月13日夜3时20分，在美国纽约郊外某公寓前，一位叫朱诺比白的年轻女子在结束酒吧间工作回家的路上遇刺。当时，她绝望地喊叫：“有人要杀人啦！救命！救命！”听到喊叫声，附近住户亮起了灯，打开了窗户，凶手吓跑了。当一切恢复平静后，凶手又返回作案。当她再次叫喊时，附近的住户又打开了电灯，凶手又逃跑了。当她认为已经无事，回到自己家正欲上楼时，凶手又一次出现在了她面前，将她杀死在楼梯上。在这个过程中，尽管她大声呼救，她的邻居中至少有38位到窗前观看，但无一人来救她，甚至无一人打电话报警。这件事在纽约社会引起轰动，也引起了社会心理学工作者的重视和思考。人们把这种众多的旁观者见死不救的现象称为责任分散效应。

对于责任分散效应的形成原因，心理学家进行了大量的实验和调查，结果发现：这种现象不能仅仅说是众人的冷酷无情，或道德日益沦丧的表现。因为在不同的场合，人们的援助行为确实是不同的。当某人遇到紧急情况时，如果只有一个人能提供帮助，这个人会清醒地意识到自己的责任，对受难者给予帮助。如果他见死不救，则会产生罪恶感、内疚感，这需要付出很大的心理代价。而如果有许多人在场的话，帮助求助者的责任就由大家来分担，造成责任分散，每个人分担的责任很小，旁观者甚至可能连他自己的那一份责任也意识不到，从而产生一种“我不去救，也会有别人去救”的心理，造成“集体冷漠”的局面。如何打破这种局面，这是心理学家正在研究的一个重要课题。

我们当中有很多人都被“责任分散效应”困扰过，从心理学层面来看，这是人类消极心理的一种表现。当出现紧急情况时，正是因为有其他目击者在场，才使得每一位旁观者都无动于衷，更多的是在看其他观察者的反应。这是一种制度性的缺陷，也就是说这样的事情会在不同地点不同时间重复发生，这种可怕的现象也是责任分散效应的写照。

巴纳姆效应：算命师的独门秘道

如果有人问你，“世界上最难做到的事情是什么？”你会怎样回答？是“赚钱”，是“研究外太空”，还是别的什么？告诉你，都不是。人类最难做到的事情其实是“认识自己”。这也就是“算命先生”在我国的历史上一直充当着类似于如今“心理专家”的角色的原因。从古至今，喜欢算命、听信算命先生话的人多如牛毛。我们从科学的角度来看，想要预知别人的未来和了解他人的生命走向几乎是不可能的一件事，可为什么算命先生可以说得出来，而又有那么多人都觉得算命先生说得准呢？这和巴纳姆效应有关。

巴纳姆效应，又称福勒效应、星相效应。它最早是由心理学家伯特伦·福勒于1948年通过试验证明的，它的意思是说：当人们用一些普通、含糊不清、广泛的形容词来描述一个人的时候，人们往往很容易接受。这个效应是以一位深受欢迎的著名魔术师肖曼·巴纳姆来命名的，他曾经在评价自己的表演时说：他的节目之所以受欢迎，是因为节目中包含了每个人都喜欢的成分，所以每一分钟都有人上当受骗。

这其实就像是一把万能钥匙，无论哪一把锁它都能够打开，在生活中，我们常常会碰到这样的情况。

比如，很多女孩子喜欢看星座、血型，并据此来查询自己每天的运程，看看今天适合穿什么颜色的衣服，看看明天是否适宜出行。这种对于星座到了迷恋甚至信仰的程度的人，就是错误地认为通过星座对命运和性格进行预测这种笼统的描述能够准确揭示自己的特点，从而感同身受、信以为真。

还有很多人凡事都喜欢拜神、算命，请教过算命先生的人都认为算命先生说得很准。其实，那些求助于算命的人本身就有易受暗示的特点；加上算命先生善于揣摩人的内心活动，他稍微有一些理解求助者的感受，求助者就会立刻感到一种精神安慰。接下来，算命先生再说一段一般的、无关痛痒的话，便会使求助者深信不疑了。

所谓的手相学、面相学、星相学都是伪科学，而人们的那种“感同身受”其实是“巴纳姆效应”在作祟。与巴纳姆效应相对的是认识自己，心理学上叫自我知觉，是个人了解自己的过程。可惜的是，在这个过程中，人更容易受到来自外界信息的暗示，从而出现自我知觉的偏差。

爱因斯坦小时候是个十分贪玩的孩子，他的母亲常常为此忧心忡忡。母亲的再三告诫对他来说如同耳边风。直到16岁那年的秋天，一天上午，父亲将正要去河边钓鱼的爱因斯坦拦住，并给他讲了一个故事，正是这个故事改变了爱因斯坦的一生。

父亲说：“昨天我和咱们的邻居杰克大叔去清扫南边的一个大烟囱，那烟囱只有踩着里面的钢筋踏梯才能上去。你杰克大叔在前面，我在后面。我们抓着扶手一阶一阶地终于爬上去了。下来时，你杰克大叔依旧走在前面，我还是跟在后面。后来，钻出烟囱，我们发现了一件奇怪的事情：你杰克大叔的后背、脸上全被烟囱里的烟灰蹭黑了，而我身上竟连一点烟灰也没有。”

爱因斯坦的父亲继续微笑着说：“我看见你杰克大叔的模样，心想我一定和他一样，脸脏得像个小丑，于是我就到附近的小河里去洗了又洗。而你杰克大叔呢，他看我钻出烟囱时脸是干干净净的，就以为他也和我一样是干净的，只草草地洗了洗手就上街了。结果，街上的人都笑破了肚子，还以为你杰克大叔是个疯子呢！”

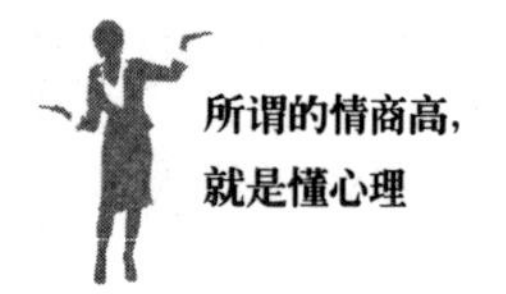

爱因斯坦听罢，忍不住和父亲一起大笑起来。父亲笑完后，郑重地对他说："其实别人谁也不能做你的镜子，只有自己才是自己的镜子。拿别人做镜子，白痴或许会把自己照成天才的。"

的确，世界上最难的不是认识别人而是认识自己。就像别人脸上的黑一目了然、自己脸上的污点却难以看到一样，人们看到自己的优点长处容易，发现并承认自己的弱点缺陷却很难。

"成功时认识自己，失败时认识朋友"固然有一定的道理，但归根结底，我们认识的都是自己。无论是成功还是失败时，都应坚持辩证的观点，不忽视长处和优点，也要认清短处与不足。

留面子效应：你为何总在买不需要的东西

日常生活中，我们经常会遇到这样的情况：当你到商场购物的时候，总喜欢和对方砍价，所以商场的售货员就把商品本来的价位提升，使得你看似砍掉一些价钱，实际上还是多花了很多钱。比如，一件价值300元的羽绒服，商家可能会定价为1000元，你本着砍一半的原则给人家500元，人家可能还要装出亏本的样子，让你再加100元。而最后即使你坚定地以500元拿到手，商家也赚了你200元。也就是说，为了达到推销的最低回报，先提出一个明知别人会拒绝的较大要求，可以提高顾客接受较小要求的可能性，这就是"留面子效应"在生活中最普遍的应用。

留面子效应是查尔迪尼在1975年研究"导致顺从的互让过程：门面技术"的时候提出来的，它的意思简单地说就是：如果先对某人提出一个很大的、会被拒绝的要求，接着向他提出一个小一点的要求，那么他接受这个小要求的可能性比直接向他提出这个小要求而被接受的可能性大得多，这种现象称作“留面子效应”。

在我们平时的人际交往中，“留面子效应”可以起到很大的作用。

比如：你打算结婚买房，做个房奴，但是苦于首付还差一万元，只好硬着头皮和朋友借一借。当然你可以直接和朋友说：“能借我一万元钱吗？”这时，朋友可能马上回答：“我手头也挺紧的。”你也就不好意思再说什么了。而如果你问：“能借我三万元钱吗？有急用，我会尽快还你。”朋友就会说：“三万元啊，我手头现在没有这么多，要不我凑凑，先给你一万元，你看成吗？”这样你的目的就轻松地实现了。

第二种方法之所以能够成功，就是因为在想得到别人帮助之前你先提出了一个对方很难做到的事情，对方为了顾及你的面子和朋友情谊，会作出适当的妥协，也就顺其自然地把钱数降低到一个自己能够接受的范围。而这样做的好处，就是你们双方都得到了最大的满足。

如果善于利用“留面子效应”，可以使沟通、交流事半功倍，这不仅体现在日常小事上，在工作中也同样适用。

天海从美国留学归来，在南方的一个城市开了一家规模不小的酒店。刚开始酒店的生意很红火，可是没多久就惨淡下来，天海伤透了脑筋，可就是找不出经营不善的原因。一天，他在酒店里随意溜达，看到一位客人在大厅里徘徊了许久却没有一个人去为他服务，那些服务生都挤在一个角落里说说笑笑，根本就忘了自己是在上班，对于来往的客人完全忽视。天海看到后，并没有像平常那样对他们破口大骂，而是自己悄悄地走近客人，询问了客人的需要，然后妥善地作了安排。从那以后，酒店里的服务员都开始热情地招待客人，再也没有出现漠视客人的现象了，酒店的生意也逐渐有了起色。

在这件事情中，天海就成功地运用了“留面子效应”，他用自己的行为悄

悄地提醒了员工，没有撕破脸或使那些员工难看，而是给了他们一次改过的机会，最终使那些挤在角落里聊天而不顾顾客的员工自觉纠正了自己的错误，也挽救了自己的酒店。

所以说，当一个人犯了错误不愿当众被批评责难时，当一个人的隐私不想公布于众时，如果上司或朋友能够为了他的面子而不予批评、不予曝光，那么，他对上司布置的工作会加倍努力完成，他对朋友的感情会更坚实。这种现象不仅在我们中国人身上得以体现，外国人身上也能看到。

为什么会这样呢？原因有以下几点：

一是你给别留人面子，别人也会给留你面子，这是相互的。上司给下属留面子，下属会很感激，会更加努力地工作来报答上司；而同事之间、朋友之间互相留面子，可以给对方一种宽容的印象，彼此也就不需要时刻提防“小人”的存在了。

二是害怕丢面子的心理。中国人常说“人要脸，树要皮”，可见面子在中国人的心中是多么重要。为了不失面子，人们会尽一切努力保护面子，这也就促进了“留面子效应”的发展。

三是为了挽救自己的面子，使得自己丢人不至于丢到家。就像借钱的那个事例，朋友不借给你钱，他会觉得自己太不给你面子了，也觉得自己太没面子了，所以适当地妥协一下，既挽回了一些自己的面子，又提升了在你心中的形象。

四是社会习俗、道德规范的促使。比如，你一直和周围的同事相处融洽，但是心里对某一个同事感到很厌烦，可是，为了保持自己的风度和形象，你不便表现出来，即使人家请你喝喜酒，你也得硬着头皮给人家出份子钱。这就是“留面子效应”的结果。

“留面子效应”是很好，在工作和生活中能够为我们提供很多便利和帮助，但是我们也不能忽视它的负面作用。不能为了一己之私，轻易利用别人“好面子”的心理，来达到自己的目的，这种做法是非常不道德的，要记住，“己所不欲，勿施于人”。任何算计别人或者不尊重别人的手段，都是被人所不齿的，被人知道后，都是要“丢面子”的。所以，无论是为了什么，都要用正当的手段实现自己的目标，对于“留面子效应”也要正确地利用。

逆反心理：他为何总喜欢对着干

我们常常会发现自己有这样的举动：别人让做什么，自己偏不想做什么，总想和别人对着干。

妈妈说，别上网了，好好做功课，不然就给你断网。孩子却心想：凭什么啊，一天到晚就是学习，回到家里还不能放松一下！你不让我上，我偏上！

妻子说，别抽烟了，看你把家里弄得乌烟瘴气的。丈夫不服气，抽烟怎么了，不抽烟还是男人吗？不愿意闻，就捂住你的鼻子。

同事说，你用这个牌子的香水啊，这个牌子不好，换成别的吧。你却心想：你说不好就不好呀，我就爱用这个牌子。

现实生活中这样的现象十分常见，有些人管这叫“抬杠”。这些行为实际上是人们逆反心理的一种体现。

逆反心理是人们为了维护自尊，而对他人的要求采取相反的态度和言行的一种心理状态。这种现象在青少年中是最常见的，其他年龄阶段的人群也会有这种心理。于是，在日常生活中，常会有人“不受教”“不听话”，与别人“顶牛”“对着干”。

人们常常通过这种与常理背道而驰的行为，来显示自己的“高明”和“非

凡”，来抗拒和摆脱某种约束，或者来满足自己的好奇心和占有欲。逆反心理并不是什么不可思议的东西，一般来说它常出现在以下三种情况里：

第一种，产生强烈的好奇心时。当某事物被禁止时，最容易引起人们的好奇心和求知欲。尤其是在只作出禁止而又不加任何解释的情况下，极易为其披上浓厚的神秘面纱。

第二种，企图引起别人注意时。青少年处于性格形成和寻找自我的时期，通过否定权威和标新立异可以在心理上求得自我肯定的满足感。青年人与社会的认同不仅是简单地采取适应社会规范的途径，还希望社会承认他的价值和地位，从而获得认同。因此他们往往表现得有些偏执，好表现自己，有意采取与其他人不同的态度和行为，以引起别人的注意。

第三种，经历了一些特殊体验时。比如，有的人多次失恋，便认为人世间没有真正的爱情；有的人一向循规蹈矩、与世无争，而偶然有一次受到了莫名其妙的冤枉，以至于性情大异，变得粗暴、多疑、怪僻。

逆反心理对个人来说，有一定的好处：它能够张扬个性，突破陈规，有利于改变和创新，在一定程度上能够说明当事人有勇气和信心，有敢于挑战权威的精神和态度。如果能够得到合理的激发，则有利于一个人潜力的发挥。

巧妙地利用别人的逆反心理可以有效地改变其行为，我们要善于利用这一点，学会对人们进行善意的规劝和说服，同时也要警惕别人利用逆反心理来诱导你，使你作出不理智的选择。

如果逆反心理运用不当，则会使人形成一种狭隘的心理定式和偏激的行为习惯，处处与人对着干，从而变得固执、偏激，无法客观准确地认识事物的本来面目，无论何时何地总是下意识地与常理背道而驰，作出错误的选择和决定。

逆反心理多发生在青少年身上，当他开始认识自我，有了自己独立思考的能力和想受到关注的需求时，便会寻求一些突出的举动来展示自己。逆反心理是一种单值、单向、单元、固执偏激的思维习惯，它使人无法客观地、准确地认识事物的本来面目，而采取错误的方法和途径去解决所面临的问题。

逆反心理作为一种反常心理，虽然不同于病态心理，但已带有病态心理的某些特征，其后果是严重的。它会导致青少年出现对人对事多疑、偏执、冷漠、不合群的病态性格，使之信念动摇、理想泯灭、意志衰退、工作消极、学习被动、生活萎靡等。逆反心理近一步发展还可能向犯罪心理或病态心理转化，所以必须采取有效的对策来克服和防止其发生。

异性效应：女性为何钟爱高跟鞋

“异性效应”是一种普遍存在的心理现象，这种效应尤以青少年为甚。其表现是，有两性共同参加的活动，较之只有同性参加的活动，参加者一般会感到更愉快，干得也更起劲儿、更出色。这是因为，当有异性参加活动时，异性间心理接近的需要得到了满足，所以参加者能获得程度不同的愉悦感，并激发起内在的积极性和创造力。因此，男性和女性一起做事、处理问题都会显得比较顺利。

在人际关系中，异性接触会产生一种特殊的相互吸引力和激发力，并能使人们从中体验到难以言传的感情追求，这就是有趣的异性效应。在日常学习、工作和生活的交往中，如果能正确而恰当地运用异性效应，往往会收到良好的效果。

在请求帮助和商洽事情时，异性效应不时闪现出其独特的作用，尤其是俊男靓女，如果能合理地驾驭异性效应，往往能取得满意的效果。人一般会对

异性比较感兴趣，特别是对外表讨人喜欢、言谈举止得体的异性感兴趣。这点女性也不例外。为什么女性都喜欢穿高跟鞋？因为高跟鞋可以使女性的身姿变得更加颀长和优美，更容易吸引异性的注意和欣赏，这也是异性效应的一个作用。

清代宫廷里的皇后、格格等地位高的女人，都喜欢穿着高高的鞋走路，就是想衬托出她们的高贵，表现出与平常女子的不同。由此看来，当下的女子爱穿高跟鞋自然可以理解了。

医学专家认为，女人经常穿高跟鞋（当然是合乎足部健康的高跟鞋），会令腿部内侧的肌肉更结实。女人因高跟鞋而精彩，高跟鞋也因此被女人赋予了生命，受到爱鞋一族的狂热追捧。试想，如果玛丽莲·梦露那幅裙摆被吹起的经典画面中，脚下的高跟鞋换成了平底鞋，还能有迷醉万人的魅力吗？

穿高跟鞋的女人能在一瞬间爆发性感、魅力和自信，腰肢扭动时更是摇曳生姿。高跟鞋仿佛是女人制胜的武器，一双高跟鞋增加的绝对不仅仅是高度，更是来自内心的自信和风度。高跟鞋在时尚圈子里不断地用不同花式吸引着爱美者的眼球，或性感，或复古，或奢华……可谓千变万化。

高跟鞋的妙处在于能立刻挺拔身材，拉长小腿的线条，令人从视觉上觉得比例更为修长，使身体曲线有了起伏。穿着高跟鞋确实没有平底鞋舒适，但只要选对鞋，其实并没有想象中那么难受。更何况，那点小小的痛楚，比起它能够带来的种种好处来说，又算得了什么呢？

高跟鞋是衬托女性挺拔秀丽身段和时尚的元素之一，不少人认为女性穿高跟鞋会显得更加性感，尤其是鞋跟高而细的那种。

异性交往和相处会使人变得更积极、更高尚。当与异性在一起时，男人会更注意自己的言行举止，女人更会展现其阳光靓丽的一面。异性效应的道德力量是不可以低估的，异性效应对男人、女人都是有益的。

不过，异性效应不能滥用。女性外表漂亮，讨人喜欢，再加上交往得当，在异性面前办事容易，这是正常的；反之，若为达到某种目的，用色相去引诱别人，那就不道德了。男人对异性，尤其是年轻漂亮的异性热情些、客气些也无可非议，但若把异性当作刺激，想入非非，让人感到“色迷迷”的，就超过限度了。因此，与异性接触要把握好“度”。

然而，与异性朋友的交往比与同性交往更难把握。尤其是婚外与异性的交往，更要把握好尺度，异性朋友之间，不能过于亲昵。已经结婚的人，同样可以有自己正常的异性朋友，但是异性之间要提倡进步、发展和无伤害的道德原则，努力做到男女交往不伤害公众的情绪，不伤害他人的家庭，不伤害身心健康，不侵犯隐私权，更不能把自己的幸福建筑在别人的痛苦之上。

路径依赖法则：认死理的人在想什么

卡罗琳曾说：“你越是为了解决问题而拼斗，你就会越变得急躁——在错误的思路中陷得越深，也越难摆脱痛苦。”固执本是一个中性词，但在人们的观念里，其更多地与顽固画了等号。固执的想法会让人钻牛角尖的心理越发严重，最终找不到回头的方向，耽误一生的发展。

有位科学家曾经做过这样一个有关路径依赖法则的实验。将5只猴子放在一个笼子里，并在笼子中间吊上一串香蕉，只要有猴子伸手去拿香蕉，就用高压水枪教训所有的猴子，直到没有一只猴子再敢动手。然后，用一只新猴子替换出笼子里的一只猴子，新来的猴子不知这里的“规矩”，自然会伸出手去拿香蕉，结果触怒了原来笼子里的4只猴子，于是它们代替人执行惩罚的

任务，把新来的猴子暴打了一顿，直到它服从这里的“规矩”为止。实验人员如此不断地将最初经历过高压水枪惩戒的猴子换出来，最后笼子里的猴子全是新的，但没有一只猴子再敢去碰香蕉。起初，猴子怕受到“株连”，不允许其他猴子去碰香蕉，这是合理的。但后来人和高压水枪都不再介入，而新来的猴子却固守“不许拿香蕉”的制度不变，这可以说成是路径依赖法则的自我强化效应。

路径依赖法则被总结出来之后，人们把它广泛应用在选择和习惯的各个方面。在一定程度上，人们的一切选择都会受到路径依赖的可怕影响，人们过去作出的选择决定了现在可能的选择，人们关于习惯的一切理论都可以用路径依赖法则来解释。而且，经济生活与物理世界一样，存在着报酬递增和自我强化的机制。这种机制使人们一旦选择走上某一路径，就会在以后的发展中得到不断的自我强化。

通常来说，钻牛角尖是一个贬义的说法，用于形容遇事思维僵化、固执，心里自己跟自己闹别扭，放不开放不下，从不考虑事情的各个方面及事物的多样性，只认定一个想法，一条道走到黑，最终逼得自己山穷水尽、无法自拔。

以“钻牛角尖”来形容这种心理确实很形象，越是钻到牛角的尖上，空间就越小，就越是难以找到出路。再看看斗牛，激怒的公牛眼里只有那块挑衅的红布，发着牛脾气，执拗地一次又一次地攻击，最终只能死在斗牛士的剑下。

心理学家用渔民捕捉章鱼的方法来解释钻牛角尖的害处：

浩瀚的海洋里生活着各种千奇百怪的鱼类，每一种都有自己的生活习性，而各自的生活习性又往往决定了它们在海洋中的生存状态。章鱼就有一种怪僻，一只章鱼的体重可以达到70磅，然而它们的身体却非常柔软，柔软到几乎可以将自己塞进任何想去的地方。

章鱼没有脊椎，这使它可以穿过一个银币大小的洞。它们最喜欢做的事

情，就是将自己的身体塞进海螺壳里躲起来，等到鱼虾走近，就咬断它们的头部，注入毒液，使其麻痹而死，然后美餐一顿。对于海洋中的其他生物来说，章鱼可以被称得上是最可怕的动物之一。

然而也正是它的这一特点，使它成为渔民的猎物。渔民们掌握了章鱼的天性，他们将小瓶子用绳子串在一起沉入海底。章鱼一看见小瓶子，都争先恐后地往里钻，不论瓶子有多么小、多么窄。结果可想而知，这些在海洋里无往不胜的章鱼，就成了瓶子里的囚徒，变成人类餐桌上的美食。

囚禁章鱼的是那个瓶子吗？那只是表象，瓶子放在海里，不会张口，不会移动，更不会去主动捕捉。真正囚禁了章鱼的是它们自己。它们向着最狭窄的路越走越远，不管那是一条多么黑暗的路，即使那条路是死胡同。

心理学家说，很多时候，我们在坚定自己信念的道路上，从一开始就犯了错误，选错了方向，却被自己所认定的信念、道路、目标等蒙上了双眼，自以为是地朝着理想固执地前进，结果钻进了痛苦的牛角尖。有时候信念会像眼罩，使我们忽略了无法支持我们信念的事情，只注意到与我们生活切合的事。例如，如果你是女性，你认为好女人要相夫教子，不应努力工作，你的本性就适合做个贤妻良母，因此忽视了工作的重要性。你越是坚持对自己本性的信念，越是会拒绝任何否定或挑战你自己信念的事，这种极端的想法让你钻牛角尖的心理越发严重。

人的思想和心理使每个人与众不同，也正是由于它的发散、扩展，让社会一步步向前发展。正是因为思想和心理是无形的，所以人们很容易迷失方向，甚至一条路走到黑，最终才发现那是一条死胡同。很多人钻进牛角尖，无法自拔，固执的想法将他牢牢套住，那些没有出路和生路的信念让他与成功绝缘。

人们的心理有时候也如同那些自以为是的章鱼，当人们遇到苦恼、烦闷、失意、诱惑的瓶子时，自己扭着劲儿地拼命往里钻，最终将自己囚禁起来，无

力挣脱。

要解决这个问题，关键点是你要放松自己的心理，学会换位思考，同时也要开阔自己的思维，全面分析问题，不要总是从同一个角度看问题，要多尝试别的角度。

第4章　换位思考：攻破心理防线，拉近人际距离

将心比心、换位思考，无疑是得人心的最佳方法。社交场合，有的人心机多，真心少，与之交往必须谨慎小心。想与他们拉近关系，真不是一件容易的事。本章将会告诉你该怎样让别人感激你、注意你、喜欢你，使你们之间的关系更进一步，使你成为人际交往中的大赢家……

真心待人，才能换来真心

俗话说“一分耕耘一分收获”，人心也是如此。只有肯付出，才能得到别人的真心相待；坐等天上掉真心，无异于白日做梦。

战国时期，有一位叫作吴起的名将，由他率领的军队，在每一次的战役中都能一路过关斩将、所向披靡，因此他被人们称为“战国第一名将”。

他军队中的士兵，个个都忠肝义胆，神勇无比，对他更是比对一般将领的遵从之外多了些敬意。这都是因为他对战士无微不至的关心和帮助，打动了战士们的心。这要从一次战争说起。

有一次，吴起奉命率领魏军攻打中山国，有一个士兵身中敌军的毒剑，随时有毒发的可能。看着战士辗转呻吟、痛苦不堪的样子，他没有丝毫犹豫便跪下身来，把士兵伤口里的毒和脓血一口一口地吸了出来，帮助士兵缓解了痛苦，保全了生命。

军队里的其他战士看到一位堂堂的大将军竟为一名普通士兵屈膝吮血，莫

不感动，便对吴起产生敬畏之情，都决定从此死心塌地跟着他。军队的士气一下子十分高涨，战士们变得空前的团结和勇敢。

自那以后，吴起的军队就成了一支攻无不克、战无不胜的常胜军，而吴起自己也成为历史上一颗耀眼的大将之星。

有句话说得好："士为知己者死，女为悦己者容。"面对自己尊敬的人，做事当然也会格外努力、任劳任怨、不计得失。吴起和他的士兵就是这样一个典型的例子。也许从吴起的角度来说，他只是帮助一个自己军队里的战士免受痛苦；但对其他千万个战士来说，吴起的行为是对他们的关心和爱护，是对他们这些微不足道的普通士兵的尊重和保护。面对这样一名良将，战士们又哪有不卖命的道理？他的付出，他对士兵的关爱，自然得到了回报。

善于处理人际关系的人必定知道未雨绸缪，用小亏换取大便宜。无论如何，求人办事并不容易，只有提前投资、储蓄人情，才能马到成功。我们不要怕吃亏，吃亏是长期的人情储蓄，储蓄得越多，利息自然也就越高。

阿伟刚参加工作，他自己也明白人情世故的重要性，可是又总是觉得自己只有付出，没有回报。他刚来这个公司，也不涉及结婚生子和学业的问题，没必要长期为别人挣钱，于是，他索性和所有人断了交情。就在这个月，他已收到三份"红色炸弹"；不仅如此，一到假期，他还要经受一番"人情轰炸"。可是，他始终坚守自己的"阵地"不动摇。国庆期间，阿伟接到一个陌生电话，对方很热情地称呼他为老班长，并邀请他参加婚礼。阿伟有些纳闷，一时想不起是谁，经对方提示才勉强回忆起，原来是三年前的系统任职培训班的学员，这几年彼此已很少联系。虽说那个人很热情，可是阿伟还是没去，他觉得这对自己没好处，何必吃那个亏呢！慢慢地，阿伟被整个公司的同事隔绝了，什么好事大家也不会想到他。

其实，人家能主动邀请你，说明重视彼此的关系，这也是一个投资人情的好机会，虽说这些投资可能都是很“远”的，甚至让你觉得自己吃了亏，但这恰恰说明你的人情账户是净收入，他日你需要的时候，别人自然会对你伸出援助之手。人情关系是生活的潜规则，遵守这个潜规则，吃点小亏，就可能收获更多。

在与人交往的过程中，我们不要锱铢必较，有时候，吃点小亏是种明智的处事方式。表面上，你吃亏了，可是你赢得了人心，那么你自然就是别人眼中的“好人”，拥有了好人缘，荣誉和信任必将接踵而至。其实，吃亏也是一门学问，那么，该如何让自己有吃亏的机会呢?

第一，要学会施恩于人，不计较自己的得失。提前投资，才能储蓄人情。

第二，学会蓄零为整，瓜熟自然会蒂落。一个小小的帮忙，比如偶尔帮别人照看小孩，看似小事情，但对于他人而言可能是意义重大的一份情谊。

第三，细心发现需要帮助的人，体贴入微，给予别人需要的，才是最有价值的人情。

会吃亏、有亏吃的人才能得人情！掌握好一些吃亏的技巧，让自己赢得更多的人情！

关键时刻为他人维护自尊

孔子说：“己所不欲，勿施于人。”意思是说，“如果我们不喜欢别人以某一方式对待自己，那我们就不要以这种方式去对待别人”，也就是说我们要站在对方的立场上说话办事，凡事为对方着想，也只有这样别人才肯为你着想。

大刚和小强是很要好的朋友，平时无事经常联络感情。有一段时间，小强

的经济状况非常不好，他甚至连买一件像样的冬衣的钱都没有，然而好面子的他不肯寻求别人的帮助，只是自己苦撑着。

有一天，大刚邀请小强到家里做客，小强因为没有像样一点的衣服，担心朋友见笑，便穿着单衣、拿着扇子，以戏称自己怕热来掩饰自己的窘迫。酒足饭饱后，大刚看穿了小强是死要面子，想整治他一下，于是便力邀他住一个晚上；并迎合他，用单被篾席，在池畔亭台的风凉处做成临时卧榻，让他住下来。小强不便再改口，只得暗暗叫苦。

冬日的夜晚，寒气逼人，小强被冻得瑟瑟发抖，只得披着薄被起来走动以御寒，不料失脚跌进池中。小强冻得嘴角铁青，不住打着哆嗦，而大刚看到后，还假装问："你是觉得这还不够凉快吧？没有钱买冬衣没关系，干吗死撑着呢？"小强并不作声，但暗地里对大刚的这种咄咄逼人的话咬牙切齿。

从那以后小强再也没有和大刚往来了。而几年后的大刚，看到现在已经发达的小强，本想接近他为自己寻找一些成功的机会，然而他们之间已经形同陌路！

人情往来是相互的，你尊敬别人，为别人着想，其实也是给自己留了余地。像故事中的大刚，如果当初能够为小强着想，知道小强怕丢面子，就应该尽力帮助小强，维护他的面子并且帮助他渡过困难时期。而大刚的做法恰恰相反，他伤害了小强的自尊心，也断送了两人的友谊。还是那句话：你希望别人怎样对待你，你就应该怎样对待别人。你伤害过谁的面子，或许你早已经忘记了；可是那个被你伤害的人，却永远不会忘记你。

所以，在人际交往之中，要尽量避免像大刚一样的做法，说话做事都要为对方考虑，这样你们的关系才能处得融洽而长久。具体地说，应该做到以下几点。

首先，要避免揭人短处。俗话说"打人不打脸，揭人不揭短"，更何况我们是想要和别人打交道、和别人相处。我们绝不能像上面说的大刚那样，做事咄咄逼人，不给人留余地。

其次，说话做事不使用有歧义或者让人反感的方式。比如，第一次看到朋友的女友，说："我还听别人说你女朋友长得不好看，要我看，这不是很漂亮嘛！"这样的言谈肯定会引起别人的反感。因为它传递了以下几个信息：第一，有人认为她不好看；第二，你随随便便就把别人出卖了，尽管没有具体说是谁。这种方式是不可取的，同样不可取的还有"你比某某漂亮多了"等。

再者，说话要讲究修饰，即使彼此是再好的朋友，也不能将一些难听的话脱口而出。比如，朋友新买了一件长裙，兴冲冲地邀你评价。你见她个子矮小，穿着长裙不仅显得臃肿而且让缺点暴露无遗，于是你脱口说道："这件衣服并不适合矮小的你。"对方肯定会面色如土。而如果你笑吟吟地说："这件衣服很不错，不过像你这样苗条又娇小的身材，还是穿一些超短裙、短裤比较好，这样才能够把你又细又直的美腿展现出来，你穿上长裙的话男人都没眼福了！"相信朋友听了定会高兴不已。这样的言辞，至少是对方喜欢听的，如果单纯地批评不好看、不适合，无疑会损伤对方的自尊心。

此外，即便是吵架或指责别人，也不能丝毫不考虑，什么话都说。要知道，说出去的话如同泼出去的水，是收不回来的，到时候后悔就来不及了。如果真的到了难以辩驳的地步，不妨让幽默来帮助自己解除尴尬局面。

有一妻子虚荣心很重，当夫妻商量出席友人的婚礼时，她缠着丈夫要买一顶昂贵的花帽。此时正值夫妻闹经济危机，丈夫自然不肯答应花这笔钱。争吵中，妻子赌气地说："人家姗姗和爱莎的爱人多大方，早就给自己的夫人买了这种花帽，哪像你，小气鬼！"丈夫不愿争论，只是故意夸张地说："可是，她俩有你这么漂亮吗？我敢说，她们要有你这么美，根本就不用买帽子装饰了，不是吗？"妻子一听，不觉转怒为笑，一场争吵也随之停止了。

最后，当双方发生争执或者误解时，或者一件事情对双方都有利时，首先要从对方的角度分析，然后才联想到对自己的好处。这样的话语更能平息对方的怒气，有利于事情的解决。

俗话说得好，“树怕没皮，人怕没脸”。在中国这叫“好面子”，在国外叫“自尊心强”，无论在哪，你为对方着想，给对方留面子，对方肯定会感激你。所以，我们在人际交往中要多为对方着想，在无关得失的小事中，让对方一步，给别人面子，给自己多留一些余地。

每个人都有自尊心，每个人都有好胜心，如果你想联络感情，就必须重视维护对方的自尊心，特别是不要在小事上和别人过不去。总之，说话办事先为对方考虑，站在对方的立场说话，更容易赢得对方的好感，被对方接受。

先替别人着想，换得对方真心

社交场上我们会遇到形形色色的人，与不同的人打交道是一件费神费力的事情，即便你已经熟练掌握了各种人的性格特点，也未必能够在日常交往中顺利采用相应的措施。与人打交道有很大的不确定性和随时的变化性，要想成功地与对方拉近关系，最好的方法就是以不变应万变，即“替别人着想，以心换心”。

通俗地讲就是要站在他人的立场上分析问题，能给他人一种为他着想的感觉，只有从关怀对方的角度出发，才能赢得对方的心。这也就是所谓的“你想别人如何对待你，你就首先如何对待别人”。我们要获得别人的支持，就必须先替别人着想，给予别人自己力所能及的支持。

某精密机械工厂将其生产的新产品的部分零件委托小工厂制造，当该小厂将零件呈给总厂时，不料全不符合该厂的要求。总厂负责人要求其尽快重新制造，但小厂负责人认为零件是完全按总厂的规格制造的，不想再重新制造，双方僵持了许久。

总厂厂长见到这种局面，便对小厂负责人说："我想这件事完全是由于公司方面设计不周所致，还令你们吃了亏，实在抱歉。今天幸好是由于你们帮忙，才让我们发现竟然在设计方面有这样的缺陷。只是事到如今，事情总是要解决的，你们不妨将它制造得再完美一点，这样对你我双方都是有好处的。"那位小厂负责人听完，便欣然应允。

从对方的立场出发，为他分析出事情的利弊，对方便会主动按照你的思路走下去，从而达到你的目的。总厂厂长之所以能够成功说服小厂的负责人，就在于他站到了小厂的角度，替对方着想。

无论是什么情况，要获得对方的认同，就必须为对方着想，关心对方的利益，关注对方的兴趣。如果你对别人指手画脚，往往会激起他们的逆反心理，导致事情走向你所希望的结果的反面。而若是从对方的立场出发，将他的思路引导到你的思路上来，让他站到你搭建的舞台上，往往更容易达到自己的目的。

选对话题，让彼此一见如故

初次见面，交际双方都希望尽快消除生疏感，缩短相互间的感情距离，建立融洽的关系，同时给对方一个良好的印象。此时，若能选择一个好的话题，引起对方的兴趣，往往能够在最短的时间内达成这一点。

那么，哪些话题会让人一见如故呢？

第一，以表达感谢的方式来引出话题。

曾有一个新人在跟另一个老员工接触时说的一句话就是：“记得刚进公司的时候还是你帮我办的手续。”

“是吗？”那个老员工惊喜地说。

接着两人的话题就打开了，气氛顿时热乎了许多。

原来那个老员工的确帮过许多新人办理入职手续。不过当初人多事杂，他也记不得了。而新员工恰到好处地点出了这些，给对方很大的惊喜，也使两人的关系拉近了一层。

一般说来，每个人都对自己无意识中能给别人很大的帮助而感到高兴。见面时若能不失时机地点出来，无疑能引起对方的极大兴趣。因此，初次见到曾帮过自己的人时，不妨当面讲出，这样不仅向对方表示了谢意，也在无形中增进了两人的感情。

第二，从对方的外貌谈起。

每个人都会或多或少地在意自己的相貌，恰当地从外貌谈起就是一种很不错的交际方式。有个善于交际的朋友在认识一个不善言谈的新朋友时，很巧妙地把话题引向这个新朋友的相貌上。“你太像我的一个表兄了，刚才差点把你当成了他，你们俩都高个头，白净脸，有一种沉稳之气……穿的衣服也太像了，深蓝色的西服……我真有点分不出你们俩了。”“真的？”这个新朋友眼里闪着惊喜的光芒。当然，他们的话匣子就这样打开了。我们不得不佩服这个朋友谈话的灵活性。他说对方和自己表兄十分相像，无形中就缩短了两人之间的距离，接着在叙说两人相貌时，又巧妙地赞美了对方，因而使这个不善言谈的新朋友也动了心，愿意与其倾心交谈。

第三，剖析对方的名字来引起对方的兴趣。

名字不仅是一种代号，在很大程度上是一个人的象征。初次见面时能说出对方的名字已经不错了，若再对对方的名字进行恰当的剖析，就能更上一层楼。譬如一个叫“建领”的朋友，你可以谐音地称道：“高屋建瓴，顺江而下，可攻无不克，战无不胜，可谓意味深远呀！”对一位叫“细生”的朋友，可随口吟出“随风潜入夜，润物细无声”。适当地围绕对方的姓名来称赞对方，不失为一种引出话题的好方法。

第四，利用“中心开花”法引起陌生人的兴趣。

面对众多陌生人，选择众人关心的事件为话题，围绕人们的注意中心，引出许多人的议论，使得“语花”四溅，形成“中心开花”的局面。

第五，即兴引人。

巧妙地借用彼时、彼地、彼人的某些材料为题，借此引发交谈。如有人在大热天见到一位素不相识的环卫工人时，说：“这么热的天，看这西瓜成车地运进城，你们清扫瓜皮的任务肯定不轻哟！”一句话，便可引得对方滔滔不绝地讲述烈日下劳动的艰辛。

第六，投石问路。

与陌生人交谈，先提一些“投石”式的问题，在略有了解后再进行有目的的交谈，便能交谈得较为顺利了。如在宴会上遇到陌生的邻座，便可先“投石”询问：“您和主任是老同学呢，还是老同事？”无论问话的前半句对，还是后半句对，都可循着对的一方面交谈下去；如果问得都不对，对方回答是“老乡”，那也可以谈下去了。

第七，循趣入题。

问明陌生人的兴趣，循“趣”渐进，便能顺利地进入话题。因为，对方最感兴趣的事，总是他最熟悉、最乐于谈论的事，也是最有话可谈的。

学会不经意地赞美对方

有人认为，赞美就是把狗尾巴草说成牡丹花，把笨蛋夸成智者。其实不然。那样的赞美根本不是发自真心，对于受赞美的人而言，听着也不会舒服。拍马屁绝不是赞美，那种并非发自内心的奉承话，也经不起时间的考验。有人把赞美比作蜜糖，久吃不厌，人都是喜欢被别人赞美的。但赞美别人不应是刻意而为之的，我们应该将其当作自己的一种习惯，多尝试着用积极的目光看待别人，多发现别人的闪光之处，这样既能让他人拥有一份被肯定后积极向上的心情，也能为你带来好人缘，何乐而不为呢?

俄国作家屠格涅夫有一次出门散步，遇到一个乞丐向他乞讨，他摸了摸衣袋，却发现自己身上一个子儿也没有，于是怀有万分歉意地对乞丐说："兄弟啊，实在对不起，我没带吃的，钱袋也丢在家里了。"没想到乞丐听后大受感动，一下子紧紧拉住屠格涅夫的手说："谢谢你，太谢谢你了！"屠格涅夫惊奇地问："你谢我什么呢？"那人回答说："我原来只是想找点东西吃了就去自杀，没想到你称我为兄弟，还向我表示歉意。你给了我活下去的勇气！"食物对乞丐来说是最需要的，相对来说也比较容易乞讨到，但是食物已不能维持他活下去。而屠格涅夫那句充满尊重和友爱的话，仅仅是把乞丐称为兄弟，就给了他莫大的支持和鼓励，使他获得了新生的勇气。

道理就是这样简单，一个人在逆境中时，如果得到别人的尊重和赞美，就可能使他活下去，而这种强大的力量运用起来又是如此简单。因此，不必在意你赞美的言词不够优美，声音不够动听，只要你开口，对于别人而言，就是世界上最好的夸奖。

每个人都希望得到别人的赞美，这其实是一种非常普遍的心理。对赞美的需要源于人的本性，赞美可以愈合人们心理上的创伤，甚至生理上的缺陷。尊重和赞美那些你觉得“不起眼”的人，不要嫌贫爱富，或是眼睛只往上面看，很多“不起眼”的人就生活在你周围，说不准哪一天这些“不起眼”的人就忽然大放异彩。而即使是一个最平凡的人，即使你看不出他有成功、成名的可能或潜力，你也应该尊重他，每个人都有自己的优点和长处，一个普通农民并不比一个基因专家笨，也绝不比一个将军卑微，只是他们从事的行业和研究的领域不同而已。实际上，你也不能预知什么时候什么人会成功，什么人会成为今后帮助你的人。

赵庆是某大型跨国公司的一名清洁工，这是一个最容易被人忽视的职位。平日里公司的员工从他的面前走过，从来都是视而不见，好像公司里没有这类人的存在一般。

然而赵庆却一下子成了公司里的勇士和功臣，成为大家关注的焦点。原来，一天晚上，在赵庆做完最后的清洁工作之后，发现了一个想要盗窃公司保险箱的贼，他并没有因为事不关己而退缩，反而像看护自家财产一样，与歹徒展开了殊死搏斗，并最终保护了公司的财产安全。

事后，有人怀疑他这么做只是为了邀功，也有人说他想在高层面前展示自己。在被问到这么做的动机时，答案却出人意料，他很轻松地说：“当公司的总经理从我身边走过时，总会不时地赞美我说，‘你的地扫得真干净’。”

就是这么简简单单的一句话，就是这样不经意的赞美，感动了这个员工，使他感受到了企业对他的关爱。表面看上去，这只是一句上司对员工的赞扬，换来的，却是员工对企业的归属感和以后工作上的努力。

在每个人的内心深处，都渴望别人的认同，渴望别人的尊重，渴望和谐的人际关系。人际交往中，如果我们每个人都能够自觉地给别人以尊重，能够对别人的正确理念给予足够的认同，让别人能够感受到快乐与满足，相信别人一定会投桃报李，以同样的方式对待我们。

一个能够随时给予别人赞美的人，一个能够时刻带给别人好心情的人，一定是有能力、有魄力、得人心的人。在日常人际交往中，帮助他人、赞美他人，哪怕只是一句随口说说的习惯性语言，也会在无形中为我们的形象和人缘加分。

给予帮助，让对方心生感激

一个人的一生中会拥有很多东西，其中最珍贵也最难得的，莫过于人与人之间的真情。真情的流露，往往出现在一些重要的关头；真情的体现，也不外乎一些小小的行为。在别人有困难的时候，切不可讽刺挖苦、落井下石，这时候，一句贴心的话，一双援助的手，都可以让别人感受到温暖，感受到关爱。

春秋时期，楚王宴请了很多臣子，席间歌舞曼妙，美酒佳肴，烛光摇曳。楚王还命令两位他最宠爱的美人许姬和麦姬轮流向各位敬酒。

忽然一阵狂风刮来，吹灭了所有的蜡烛，漆黑一片，席上一位官员乘机揩油，摸了一下许姬的玉手。许姬一甩手，扯下了他的帽带，匆匆回到座位上并在楚王耳边悄声说："刚才有人乘机调戏我，我扯断了他的帽带，您赶快叫人点起蜡烛来，看谁没有帽带，就知道他是谁了。"

楚王听了，连忙命令手下先不要点燃蜡烛，并大声向各位臣子说："我今天晚上一定要与各位一醉方休，来，大家都将帽子脱下痛饮一番。"

众人都摘了帽子，也就看不出是谁的帽带断了。后来楚王攻打郑国，有一位健将独自率领几百人，为三军开路，过关斩将，直捣郑国的首都，而此人就是当年揩许姬油的那位官员。他因楚王施恩于他，而发誓毕生孝忠于楚王。

若楚王是一个小肚鸡肠的人，当场就把调戏许姬的人抓出来，一定会让对方名誉扫地，甚至恼羞成怒。而他善意的举动不仅维护了对方的尊严，更为自己笼络了一员猛将。是得是失，一目了然。

在重要关头帮人一把，拉他一下，他会在心里感激你一辈子。即使你是一个不图回报的人，也应当在别人需要你的时候、困难的时候、走入瓶颈的时候，拉人一把，为彼此营造和谐的人际关系。

有这样一则寓言故事：

一群大象生活在一片荒原之中，整日无忧无虑，快活无比。忽然有一天，病魔降临到这个象群之中。

经过抗争，象群中的绝大部分成员都挣脱了病魔的纠缠，康复痊愈。可是，有一头小象，一直没能恢复过来，眼看就要支撑不住而倒下。

然而，小象是不能倒的，它一旦倒下，就会因为内脏之间的巨大压迫而损伤自己。倒下，意味着自杀，会将它致于死地。就在小象因为坚持不住而即将倒下的那一瞬间，大象们两两一组，轮流用自己的身体夹住小象的身体，维持着它奄奄一息的生命，它们用唯一可以凭借的身躯与命运作着最后的抗衡。终于，几天之后，奇迹发生了，在大象们的帮助和呵护之下，小象慢慢恢复了元气，站了起来，最后终于痊愈了。

这则寓言讲的就是互相支持、帮助的故事。在人生的道路上，没有人会永远一帆风顺，荆棘坎坷、艰难险阻常常会让人猝不及防。在这种时候，别人一双温暖的手、一句轻轻的问候，往往可以给一个正在困难中的人重新注入新的生命活力。

职场中的人更应该如此。帮助别人，好比向你个人的人际关系的储蓄卡中存入了一笔活期存款。尤其是在别人患难之际伸出援手，救他人于困顿之中，这样的人情，这样的真心，不但会被铭记在被你帮助过的人心里，也会被记在周围人的心中。

生活是一面镜子，你做了什么样的事情，就会反射出什么样的行为。有句古话说得好，“不以善小而不为，不以恶小而为之”。即使再微不足道的好事，也应该去做，因为对你微不足道的小事，有时候很可能是足以影响到别人的大事。同样，再小的恶事，我们也不应该去做，因为害人终害己，这些小恶早晚有一天会害了自己。善恶终有报，有时候不一定真的报在一个人的身上，但一定会报在他的心里。

从细节上展现你的良好品质

在社交活动中，我们的每一句话、每一个动作，甚至每一个眼神都可能被对方尽收眼底、记在心底，然后转换成为一个心理评价。因此，要想让别人喜欢你、赢得人心，从心理学角度来看，我们需要从交际细节入手，让对方以小见大，在心中对你产生一个良好的心理效应。那么，具体从哪些方面入手呢？

第一，注意他人的语言。从细节入手，多注意周围人的语言，记住它，这可能是你和对方以后交谈的谈资。生活中，人们的话语不会句句是金科玉律、句句掷地有声。有些话语虽说过了，但没过多久，言者可能就会忘了，或者不再去留意它了，而这种随意的话语很有文章可做。当有一天你说：“你曾说过……至今我还记忆犹新。”对方一定会因为受到你的重视而高兴万分，认为你是一个细心的人，一个非常关心他人的人。如果你不但记住他人随意的话语，还能按照他随意的话语去做，那效果就会更加显著了。

一天，小张高高兴兴地给老李送去一大包家乡特产豆干。送去时小张说：“我刚从老家回来，把以前答应送您的家乡特产捎来给您。”经小张这么一说，老李才恍然想起，半年前两人一起喝酒时，小张曾说过，“我们家乡特产五香豆干，味道棒极了。”而老李当时接着开玩笑说：“既然这样，等你回老家探亲的时候也给我捎一包尝尝吧！”实际上，这只是他的一句玩笑话，说完也就忘了。等到小张真的把豆干送来时，老李感动得不得了，两人间的心理距离也随之大大缩短了。

多留意和你交际的那些人的随意话语，别人的无心之话，可能成为加深你们感情的“人缘黄金”。

第二，换个方式做事，同样的事情，不同的做法能给人不同的感觉。

在某大型超市，有一位售货员非常受顾客的欢迎，经她手卖出的商品要比其他售货员多得多。这是因为她很注意售货时的细节。比如，人家要买一公斤左右的糖果，她总是抓0.9公斤左右上秤，然后再一颗一颗地添，直至足秤为止。而很多其他售货员采取完全相反的方式，先抓超过一公斤的东西上秤，再“残酷”地一点一点地往外拿……

显然，这位优秀售货员的做法令人感到愉快，同样是称东西，而且称的是同样多的东西，她能在心理上给人一种宽慰。这就是关注细节的力量。

第三，关注他人的“细微变化”。要知道，没有人会拒绝被人关心，也没有人会对关心自己的人产生排斥情绪，就看你是否愿意去关心别人。所以，你想赢得他人的好评，就需要适当地对他人表达出自己的关心，而这需要你从细微之处发现可以关心对方的“理由”。如果你发现对方穿戴、容颜等方面的细微变化，最好能立刻指出。比如，对方换了条新领带，你说声：“这条领带你第一次戴吧，真配你，在哪儿买的？”比如，对方孩子生病了，你花点时间、买点东西去看望，他一定会愉快地接受你的关心，从而对你产生好感。特别是女性，尤其注意自己的穿戴，一旦有人注意到了她服饰的变化，她定会感到由衷的欣喜，这时你们之间的距离便随之缩短了。

交际中，如果两个人不用提示就能马上发现对方的微小变化，并且能够真

诚地道出，那么他们之间的关系肯定会非常融洽。所以，人们万不可对交际对象粗心大意，应处处留心对方的细微小事。

注意此类的交际细节，就是在润滑每日生活的齿轮，能使你事事顺意。注重细节能为你插上腾飞的翅膀，助你成功。修饰你的交际细节，就是锦上添花。请重视细微之处吧，里面大有交际文章可做！

多注意一些细节，从细小处完善自己，温暖别人。比如，与别人交谈时，你不妨高兴时就扬起眉毛，严肃时就瞪大眼睛，有疑问时就率直询问，听完后简要复述。这样的话，你就会给人留下头脑灵活、擅长交际的好印象。如果你说话节奏适中，举止动作稳重大方，那么就会给人气度不凡、从容镇定的印象。对于别人的邀请，如果你能拿出笔记本，认真地记下约会的时间和地点，那么别人就会认为你是个办事一丝不苟的人。这些都是交际细节，如果你能加以修饰和完善，就能完善你的交际形象。小处也不随便，是让别人喜欢你的一大重要心理策略，这很可能关系到你能否获得成功。做到注意和修饰自己的交际细节，你就能利用细小之处赢得人心！

第5章　深藏不露：声东击西、占尽先机的心理策略

心理学家荣格曾说过：“心灵的探讨必将成为一门十分重要的学问，因为人类最大的敌人不是灾荒、饥饿、贫苦和战争，而是我们的心灵自身。”心理学是一种武器，是一剂良药，更是一缕春风。我们深知，现代社会，社交就是机遇，掌握占尽先机的心理学策略，可以帮助我们掌握对方的意图，让我们明眼发现机遇，快手把握机遇，稳准狠地将成功收获于囊中，使我们占尽先机，运筹帷幄于千里之外。这条法则有如一把通往成功捷径的钥匙，给你明确的方向，告诉你怎样有效地与人沟通和交际，以及怎样更好地处理问题，提高谈判策略，如何摆脱他人的操控，如何利用社交四两拨千斤。只要掌握了对方的意图，你就是真正的上帝，万事都在你的掌控之中！

主动采取策略，让对方自乱阵脚

当今社会，随时随地都存在激烈的竞争，你不能输在任何环节上，尤其是心理这一环节。懂得人际交往的心理效应，你也可以成为耀眼的社交明星。怎样才能顺利得到心中的好工作？怎样才能和老板、同事和睦相处？怎样才能赢得商业谈判场上的成功？怎样才能成为社交高手？

每一次人际交往都是一次心理交锋，而在这场交锋过程中，最重要的就是要占尽先机。你可以打破思维，让对方自乱阵脚，这样即使你处于交际劣势，也可以创造取胜的机会。在社交活动中占尽先机，你就能如鱼得水，毕竟社交

打的就是一场心理战。

1972年5月，国际象棋冠军史帕斯基和巴比·费雪之间展开了一场世界国际象棋冠军争霸赛。

史帕斯基焦躁地等待费雪，但费雪迟迟没有抵达。

好不容易，费雪来了，但他说不喜欢比赛的大厅，灯光太亮，摄影机的声音太嘈杂，椅子坐着也不舒服……

几周之后，费雪终于折腾得差不多了，答应比赛了。但就在双方见面的那天，费雪却迟到了很久。赛前新闻发布会，他又迟到了。大家都以为费雪是因为怯场而不敢露面。不过，在比赛开始的前一分钟，他终于出现了。

第一局，费雪早早就下了一步烂棋，这或许是他象棋生涯中最糟糕的一步，他似乎打算弃子投降。史帕斯基知道费雪从不弃子投降，但是，这次费雪真的投降了。在输掉第一局之后，费雪更加大声地抱怨房间、摄影机以及一切。

第二局，费雪又没有准时出现。主办单位只好取消了他第二局的出赛权。很明显，费雪已经心神大乱了。

第三局，费雪看起来信心十足。可在关键时刻他又下了一招错棋，但是他自信的神情让史帕斯基很困惑。在史帕斯基恍然大悟之前，费雪已经利索地战胜了史帕斯基。

后面几盘棋，史帕斯基开始犯错。输掉第六局棋后，他开始悄声哭泣。第八盘棋下完后，史帕斯基终于明白了这是怎么一回事，但是已经晚了。

第十四局时，史帕斯基怀疑比赛时自己喝的橘子汁被下了药，或许是空气中飘散着某种化学物质，让他不能集中注意力。他还公开控诉费雪的团队在椅子上动了手脚，扰乱了他的心智。

可是，即便有关人员反复检测，也找不出任何不对劲儿的地方。

接下来，史帕斯基开始抱怨并产生了幻觉，他没有办法再继续下去，最后只好无可奈何地放弃了比赛。

费雪为什么会战胜史帕斯基？他的策略是什么？很显然，是心理上的一次次较量。从某种意义上讲，费雪不是在下棋，而是在揣摩别人的心理，他所用的就是心理上的“抢占先机法”。史帕斯基最终自乱阵脚，心理上的失败让他输了比赛。在此之前，费雪与史帕斯基已经较量过多次，他很明白，在实力上，他根本不是史帕斯基的对手，因此他改变了策略，采用心理战术：打破常规，改变了自己的旧模式。于是，比赛前，他一次次迟到；比赛时，他故意走错棋、弃子投降、放弃第二局的出赛权……

对史帕斯基而言，费雪的这些行为很出乎他的意料，他猜不透自己的对手，于是他疑惑、恼怒，受不了对方给自己的一次次的心理“折磨”，于是乱了方寸，最后导致自己发挥失常。

我们明白，人在正常的心理状态下，总是能发挥正常的水平，因为人总是习惯遵循一定的思维模式思考，遵循一定的方法行事；同时，也把别人的思维限定在这种正常模式中，这个“一定”就是所谓的“常规”。从心理学方面分析，如果对方的言行符合常规或者在自己的意料之中，人们往往能保持一颗平常心，做平常事；如果对方的言行偏离常规或出乎自己的意料，则就容易心神不宁，思绪混乱，发挥失常甚至无法发挥。费雪能战胜对手，就是打破了这种常规，在心理上占了先机。

古人行军打仗，常采用扰乱敌军军心的方法获胜，也是这个道理。攻其军心，有时候可不伤一兵一卒，让敌军陷入混乱之中；然后趁其不备，便可大获全胜，扭转胜败的局势。

现代社会的竞争，人与人之间打的往往是心理战，“先下手为强”，也可理解为抢占心理的先机。在这个过程中，我们要善于发现对方的软肋，这是最

好的扰乱别人阵脚的方法，一旦掌握了“心理学占先机”这门工具，就能在社交中如虎添翼、如鱼得水！

选择熟悉的地方，赢得心理优势

现代社会，人际交往，做人做事，都和心理学有着千丝万缕的联系。中国古代兵法有云：“用兵之道，攻心为上，攻城为下；心战为上，兵战为下。”这一兵法在现代社交中大有用武之地，如果不懂心理学，即便你口若悬河、煞费周章，也可能南辕北辙、毫无效果；相反，如果你懂点心理学，可能只须付出一点点，便能洞悉对方内心世界，从而先入为主，占尽先机，达到交际的目的。

心理学家告诉我们，当我们与人交涉的时候，选择自己熟悉的地方作为双方谈判和交涉的场所，掌握交涉的主动权，交涉成功的胜算会更高一筹。

从心理学的角度看，对交涉场所熟悉，能给自己增添信心，有一种在整个交涉过程处于主人翁地位，也就是优势地位的感觉；而与此同时，对方也会听之任之、较为被动地接受你安排的交涉内容，这就是一种心理上的占尽先机。

社交活动成功的关键是：了解人心。俗话说“知人知面难知心”，意思是人的外在行为较为容易观测和推断，但人的心理则往往难以把握。选择自己熟悉的交涉场所，就能先在心理上打败对方，使你能够迅速提高说话办事的眼力和心力，赢得人际交往的主动权，避免挫折和损失，一步一步地落实自己的社交目的。

有一对夫妻一起去和业务员商量房价的问题，业务员把见面地址选在了另外一处已经装修好的房子里，而这所房子的格局和这对夫妇即将购买的房子相同。

“千万不要夸人家的房子好，不然我们不好杀价。”先生对太太说。可一到现场，太太就无法掩饰自己对所看房子的喜爱。业务员火眼金睛，自然心中有数。

“啊，这房子漏水。”先生说。

“太太，你们要买的房子在装修之后会比这还要气派。”业务员对太太说。

“这个房子那里好像要整修。”先生又说。

“太太，您在格局上可以稍作更换，我认识很多出名的设计师。”业务员只顾着跟太太说。

于是，业务员不费吹灰之力，便高价出售了一栋房。

业务员成功的原因是什么？很简单，他利用自己对现有房子的熟悉，向太太介绍了即将买的房子的吸引人之处。尽管丈夫一直在强调房子可能存在的缺点，但业务员还是在这场心理交锋中掌握了主动权，成功地做成了生意。

处处占先机是人生和事业成功的永恒法则，社交活动中，心理先机也是掌握交际局势的必要因素。当今社会瞬息万变，一步步掌握心理上的先机，可能让你迎来生活或者事业上的成功。选择自己熟悉的社交场所，抓住社交先机，你就能运筹帷幄，掌握主动权！

降低对方的心理门槛，占据上风

鲁迅先生曾于1927年在《无声的中国》一文中写道：“中国人的性情总是喜欢调和、折中的，譬如你说，这屋子太暗，说在这里开一个天窗，大家一定

是不允许的。但如果你主张拆掉屋顶，他们就会来调和，愿意开天窗了。”这种先提出很大的要求，接着提出较小、较少的要求，在心理学上被称为“拆屋效应”。

我们如何来解释这种现象呢？我们拿两种情况作一下对比：第一种是先提出一个不合理要求，再提出一个相对较小的要求；第二种是直接提出这个较小的要求，比较哪种情况下的要求更容易被接受。实验结果表明，在前一种情况下提出的要求更容易被人们所接受，而直接提出要求反而不容易被接受。通常人们不太愿意两次连续地拒绝同一个人，当你拒绝第一个无理要求后，你会对被拒绝的人感到歉疚，所以当他马上提出一个相对较容易接受的要求时，你会尽量地满足他，而不太愿意连续两次摆出拒绝的姿态，毕竟我们并不想因为自己的行为而让人觉得我们想拒绝这个人。

很多时候说话不是要表明什么观点，而是要表明自己的态度，或者试探别人的态度。这样的说话技巧叫“放话”。这个技巧我们常见到，比如以召开新闻发布会的方式，来表明自己的态度和试探别人的态度。

谈判是一场没有硝烟的心理博弈。在这场心理博弈过程中，你需要运用一定的技巧和谋略，来加强双方或多方的沟通，加深了解；在化解矛盾和分歧的基础上达成共识，以实现交易或合作的目的。

拆屋效应也是在谈判中常用的和有效的技巧，有时候我们需要在谈判一开始就抛出一个看似无理而令对方难以接受的条件，但这并不意味着我们不想继续谈判下去，而只代表着一种谈判的策略罢了。这是个非常有效的策略，它能让你在谈判一开始就占据比较主动的地位。但是，我们要记住，这只是“拆屋”，如果想让谈判真正有所进展，不要忘记“开天窗”。所以，如果你提出的一个要求令别人很难接受，在此前你不妨试试提出另一个他更不可能接受的要求，或许你会有意外的收获。

若对方欺软怕硬，则表明决心不让步

不能不承认，现代社会存在这样一种人：强者面前，他们卑躬屈膝，使出浑身解数去讨好，可谓趋炎附势；而在弱者面前，他们却以强凌弱。总之，他们欺软怕硬。面对这种人，我们与之打交道的时候，一定不能妥协退让，而要显示出我们寸步不让的决心。

这是一种心理策略，假如我们退让，只能以失败告终，外交辞令中的“弱国无外交”就是这个道理。给那些外强中干、欺软怕硬的人心理上重要的一击，让对方认识到我们的决心，从而主动示弱、退让，我们交涉的目的也就达到了。“完璧归赵”就充分展示了这种心理策略的作用。

战国的时候，赵惠文王有一块叫作“楚和氏璧”的宝玉，被秦国的昭王知道了，昭王便派了位使臣到赵国来，希望可以用15座城池交换，可赵惠文王害怕秦国食言。在大家不知如何是好的时候，有人找来了蔺相如。蔺相如自告奋勇地说：“假如大王实在找不出合适的人，臣倒是愿意前往一试。秦国如果守信把城给我们赵国，我就把和氏璧留在秦国；如果秦国食言，不把城给我们，我一定负责让和氏璧回到赵国。”

蔺相如到了秦国以后，见到了秦昭王，便把和氏璧奉上。秦昭王一见到和氏璧，高兴得不得了，不断地把和氏璧捧在手上仔细欣赏，又把它传给左右的侍臣和嫔妃们看，却不提起15座城池交换的事。蔺相如一看情形不对，马上向前对秦王说：“大王，虽然这块和氏璧是稀世珍宝，但仍有些微小的瑕疵，请让我指给大王看看！”

秦王一听：“有瑕疵？快指给我看！”蔺相如从秦王手中把和氏璧接过来以后，马上向后退了好几步，背靠着大柱子，瞪着秦王大声说：“这块和氏璧根本没有瑕疵，是我看到大王拿了宝玉以后，根本就没有把15座城池给赵国的

意思，所以我说了个谎话把和氏璧骗回来。如果大王要强迫我交出和氏璧，这和氏璧和我自己的头，将一同撞向柱子，砸个粉碎。”蔺相如说完，就摆出一副要撞柱的样子。秦昭王害怕蔺相如真的会把和氏璧撞破，连忙笑着说：“你先别生气，来人呀！去把地图拿过来，划出十五座城池给赵国。现在你可以放心把和氏璧给我了吧！”

蔺相如知道秦王不安好心，就骗秦王说：“这块楚和氏璧，是天下人都知道的稀世珍宝，赵王在交给我送到秦国来之前，曾经香汤沐浴，斋戒了五天，所以大王在接取的时候，同样应该斋戒五天，然后举行大礼，以示慎重！”秦王为了得到和氏璧，只得按照蔺相如所说的去做。蔺相如趁着秦王斋戒沐浴的这五天，叫人将那块和氏璧从小路送回赵国。

五天过去了，秦王果真以很隆重的礼节接待蔺相如。蔺相如一见秦王便说：“大王，秦国自秦缪公以来，20多位君王，很少有遵守信约的人，所以我害怕受骗，已差人将和氏璧送回赵国了！如果大王真的要用城池来交换和氏璧，就请先割让15座城池给赵国，赵王定当遵守誓约将和氏璧奉上。现在，就请大王处置我吧！”

秦昭王一听和氏璧已经被送回赵国，虽然心里很生气，却也佩服蔺相如的英勇果敢，不但没有杀他，还以礼相待，送他回赵国。

秦王百般刁难蔺相如，为的就是能强占和氏璧，用十五座城池交换只不过是一个借口，他之所以能以强凌弱，正是因为秦国强、赵国弱。而蔺相如自然明白其中的道理，所以，他以必死的决心保护和氏璧。秦王对此无可奈何，只能“完璧归赵”。弱者在强者面前，倘若表现出一副软弱之态，只会纵容对方的嚣张气焰；相反，据理力争、掌握心理优势，很多时候能转变自己在交涉中的地位。

制造假象，声东击西

现代社会，社交场合中的一场场人与人之间的较量实际上就是心理策略的较量和角逐，善于把握人心、占尽先机的人才能在这场较量中把握大局，获得胜利。而想要占尽先机，就必须主动出击。我们不妨制造假象，声东击西，这样就能扰乱对方的视线，也就能影响对方的判断力。

声东击西，为三十六计中的一计，早已被无数人所熟知，所以使用时必须充分估计敌方的情况。计谋虽是一个，方法却变化无穷。声东击西，是忽东忽西，即打即离，制造假象，引诱敌人作出错误的判断，然后乘机歼敌的策略。为使敌方的指挥发生混乱，必须采用灵活机动的行动，“本不打算进攻甲地，却佯装进攻；本来决定进攻乙地，却不显出任何进攻的迹象。似可为而不为，似不可为而为之。”这样一来，敌方就无法推知己方意图，被假象迷惑，作出错误的判断。

东汉时期，班超出使西域，目的是团结西域诸国共同对抗匈奴。为了使西域诸国便于共同对抗匈奴，必须先打通南北通道。地处大漠西缘的莎车国，煽动周边小国，归附匈奴，反对汉朝。班超决定首先平定莎车国。莎车国王向龟兹求援，龟兹王亲率5万人马，援救莎车国。班超联合于阗等国，兵力只有25000人，敌众我寡，难以力克，必须智取。班超遂定下声东击西之计，迷惑敌人。他派人在军中散布对自己的不满言论，制造打不赢龟兹、打算撤退的迹象，并且特别让莎车国俘虏听得一清二楚。这天黄昏，班超命于阗大军向东撤退，自己率部下向西撤退，表面上显得很慌乱，故意让俘虏趁机脱逃。俘虏逃回莎车国军营中，急忙报告汉军慌忙撤退的消息。龟兹王大喜，误认为班超惧怕自己而慌忙逃窜，想趁此机会追杀班超。他立刻下令兵分两路，追击逃敌。他亲自率一万精兵向西追杀班超。班超胸有成竹，趁夜幕笼罩大漠，撤退仅10

里地，部队便就地隐蔽。龟兹王求胜心切，率领追兵从班超隐蔽处飞驰而过，班超立即集合部队，与事先约定的东路于阗人马，迅速回师杀向莎车国。班超的部队如从天而降，莎车国士兵猝不及防，迅速瓦解。莎车国王惊魂未定，逃走不及，只得请降。龟兹王气势汹汹，追走一夜，未见班超部队的踪影，又听得莎车国已被平定、人马伤亡惨重的报告，见大势已去，只有收拾残兵，悻悻然返回龟兹了。

班超之所以能打败龟兹王，就是通过制造假象，声东击西，迷惑了对方，然后抓住龟兹王已经迷惑的、求胜的心理弱点，让敌军猝不及防，从而大获全胜。从心理学上来讲，当难题出现时，一般人都喜欢用正常的思维方式来思考如何解决，而忽视制造问题；而制造问题的一方往往处于双方较量中拥有主动权的一方，因为掌握了主动权也就占了先机，胜败之势也可见分晓。

利用制造假象、声东击西取胜的战事在我国古代比比皆是，但前提是我方要能抓住敌人不能自控的混乱之势，机动灵活地运用时东时西、似打似离，不攻而示之以攻、欲攻而又示之以不攻等战术，进一步造成敌人的错觉，出其不意地一举夺胜。郑成功收复台湾时也用过此策略。

台湾被荷兰殖民者统治数十年，民族英雄郑成功立志收复台湾。1661年4月，郑成功率25000名将士顺利登上澎湖岛。要占领台湾岛，赶走殖民军，必须先攻下赤嵌城(今台南安平)。郑成功亲自寻访熟悉地势的当地老人，了解到攻打赤嵌城只有两条航道可选：一条是攻南航道，这条道港阔水深，船只可以畅通无阻，又较易登陆。荷兰殖民军在此设有重兵，工事坚固，炮台密集，对准海面。另一条是攻北航通，直通鹿耳门，但是这条航道海水很浅，礁石密布，航道狭窄。殖民军还故意凿沉一些船只，阻塞航道。他们认为这里无法登陆，所以只派少量兵力防守。郑成功又进一步了解到，这条航道虽浅，但海水涨潮时，仍可以通大船。于是他决定趁着涨潮时先攻下鹿耳门，然后绕道从背

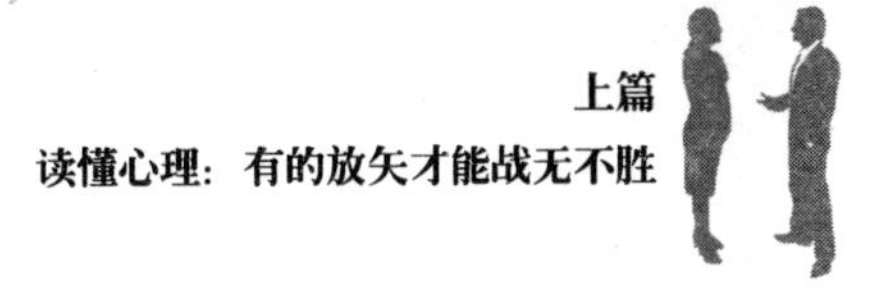

后攻打赤嵌城。

郑成功计划已定：首先派出部分战舰，浩浩荡荡，装作从南航道进攻。荷兰殖民军急忙调集大批军队防守南航道。为了迷惑敌人，郑成功的部队声势浩大，喊声震天，炮火不断，非常成功地把殖民军的注意力全部吸引到了南航道。北航道上一片沉寂，殖民军以为平安无事。南航道激战正酣，在一个月明星稀之夜，郑成功率领主力战舰，人不知鬼不觉，乘海水涨潮时迅速登上鹿耳门，守军从梦中惊醒时，发现已被包围。郑成功乘胜进兵，从背后攻下赤嵌城。荷兰殖民军狼狈逃窜，台湾就这样回到了祖国的怀抱。

以上使用此计的两个战例，都告诉了我们善于运用心理策略的重要性。很多时候，换一个角度思考问题，制造问题而不是解决问题，声东击西，制造假象，动摇对方的判断力，就能迅速转变交涉双方的地位。但需要注意的是，我们在使用此心理策略的时候，必须考虑对方的情况，若对方心理已被扰乱，用此计必胜；如果对方头脑冷静，识破计谋，此计就不可能发挥效力了。当然，这些心理问题，我们也可从对方的举手投足之间获知，探其虚实，以便能更好更稳妥地使用此策略！

敲定最后时限，给对方施压

我们深知现代社会中时间的重要性。这是个瞬息万变的社会，尤其在与人谈判交涉的时候，即便到了最后一秒，我们也有可能转败为胜、扭亏为盈；但前提是，我们要懂得如何巧妙利用最后时限，占尽心理上的先机，在关键时刻让对方就范。

其实，关键时刻的心理较量更能体现一个人的胆量和智慧，但前提是，

我们必须正确把握对方此时的心理，如对方的软肋、喜好等。兵法有云，“攻心为上，攻兵为下”，掌握对方的心理，就能以此为根据，采取具体的应对策略。当然，这也是在挑战对方的心理极限，但只要最后时限利用得好，就能立即转变整个交涉局势。电影《肖申克的救赎》中，安迪就是在命悬一线时利用警卫长哈德利对其所继承财产的贪心为狱友们争得了喝啤酒的特权。

当大家在屋顶粉刷沥青时，安迪听到了看守们和警卫长哈德利的谈话，哈德利感叹自己继承的一大部分财产要上缴税务。安迪放下手中的活儿朝哈德利走来，然后他非常温和地对哈德利说：“你信任你的妻子吗？”这句话让在场的所有人震惊，因为安迪入狱前是位银行家，但被误判为杀害了出轨的妻子和其情夫。

哈德利瞪着他。他的脸开始涨红，这是个不祥的信号。他在监狱是有名的置人于死地的警卫长。3秒钟内他就要抽出他的警棍狠狠地捅安迪的腹腔神经一下，那里是最大的神经束。对那里狠狠地击打是能够致命的，但他仍一直打那里。就算没被打死，也能让人瘫痪好一阵子。

“小子，”哈德利说，“我只给你一次机会捡起刷子，否则就让你脑袋着地。”

安迪还是平静地盯着他看。他的目光冷峻，就像没听到这话一样。

安迪说：“也许我搞错了，你是否信任你的妻子无关紧要。问题是你是否相信你的妻子会在你背后搞垮你？”

哈德利站了起来，他的脸已经气得像灭火器一样红了，说：“你要数数你有多少根还没折断的骨头。你可以在医务室里数。”

其他看守们举起枪，而安迪的狱友也只能默默为他祈祷。

“如果你能指望她，哈德利先生，”他用同样平静、沉着的声音说，“你就没理由不能保留你每一分的遗产。

一名狱卒已经开始把他往屋顶边缘拖了。哈德利却站住了。那一瞬间，安迪好像是在他俩拔河比赛中间的一根绳子。然后哈德利说："等一下，小子你什么意思？"

"我是说，如果你能指望你的妻子，可以把钱给她。"安迪说。

"你最好说明白点，小子，不然你就完蛋了。"

"政府允许一次性赠与配偶金额的上限是6万美元。"

哈德利气势汹汹地盯着安迪："不对吧，免税吗？"

安迪说："免税，IRS(美国国税局)一分也不能碰。"

"你怎么知道这事的？"

有人开口说道："他以前是个银行家……"

"我想你在撒谎。"哈德利说，但他不是这个意思——你能看出他不是这个意思。他的脸上显出他的情绪在高涨，一个几乎很狡诈的表情显露在哈德利的脸上。那是有希望的表情。

"不，我没撒谎。同样你也可以不听我的，去找个律师……"安迪耸耸肩继续说，"那去国税局。他们会免费告诉你相同的事情。实际上，你不需要我告诉你。你可以自己去调查整个事情。"

"你个死囚犯。我不需要一个杀妻的聪明银行家来告诉。"

"你需要一个税法律师或一个银行家来安排你的赠与事项，但你会破费。"安迪说，"或者……如果你有兴趣，我很乐意为你干这些事，只要一点报酬。报酬就是给我的工友们每人三瓶啤酒。"

当然，安迪成功了，他的那些工友如愿以偿地喝到了警卫长送的啤酒。

那被称为杀人狂魔的警卫长哈德利，人人畏之三分，没有人敢冒犯他，安迪却有着过人的胆识，为工友争取利益。他的机智和聪明之处在于，他敢挑战哈德利的心理极限，在关键时刻让哈德利认识到了利弊得失，认同了安迪的观

点。安迪因此占了先机，这场“不公平”的交易也就在安迪冒着生命危险的情况下达成了。

从这个故事中，我们能发现，巧妙地利用最后时限转败为胜，就是要让交涉对方在最后时限内作出抉择。其实，这个时候，你不必干涉，而是要让对方自己产生一种“心理认同感”，让他自己得出结论，这往往比我们巧舌如簧的劝解更有效。而在此之前，我们需要作个心理引导，把对方的思路转换到预定的轨道上来，这样，占尽先机的交涉就可以让你运筹帷幄了。可见，在整个交涉过程中，心理策略贯穿其中，掌握一定的心理策略，能让我们在社交过程中掌握大局，立于不败之地！

第6章　心理暗示：不动声色，让对方主动帮忙

生活中我们总有需要他人帮助的时候，别人自愿提供的帮助肯定比我们低声下气请求得来的援助要积极有效。然而，要让对方主动援助，可不是简单地威逼利诱就能达到效果的。要让对方心甘情愿地说“好”，必然要给予达到其满意程度的回报。这个回报可以是多种多样的，并非单纯的物质利益才是最好的，摸清对方的脉络，对症下药才是明智之举。

头衔效应，使人自觉支持和帮助你

在美国，专家研究发现：如果头衔利用得适当，其达到的效果相当于给这个人增加10%的工资。有这样一个例子：美国某工厂有个门卫，对工作颇有倦意。后来，工厂里来了位新经理，这个门卫就突然变得勤快起来。实际上，新经理没花一分钱作为奖励，仅仅是把这位门卫的职称改成了“防卫工程师”而已。

可见，尽管头衔是虚的，我们却不能否认它非同一般的作用。门卫的工作与以前并没有两样，他也并没有多获得薪金，激发他工作热情的无非是不具有实际意义的职称。日本管理学家田中一郎发现，在管理心理学中存在这样的现象：一个人一旦有了头衔，不管这种头衔是虚的还是实的，他往往都会努力去适应这一头衔的有关要求。这种现象就是头衔效应，类似于管理学中的标签效应，即人一旦被贴上一个看似职务重要的头衔标签，做起事来自然也希望自己

能够“实至名归”，能切切实实地跟自己的头衔相匹配。

一个诱惑的头衔在现代社会和职场中的作用是显而易见的。可为何头衔会有如此大的驱动力呢？它很大一部分来自人们渴望被认可的心理。头衔是一个人被社会认可和肯定的直接标签，在与人交往时，凡是缺少头衔的或头衔较低的一方，总会被冷落。当大家在相互介绍时，往往也是头衔大的比较落落大方，头衔小的则比较容易自惭形秽。拥有高级头衔，等于向众人宣布，在别人眼中自己很重要。一个好的头衔，也等同于另一种方式的赞扬和认同。

在我们期望别人主动提供帮助时，不妨毫不吝啬地给予其一个恰当的头衔，一个既具有诱惑力又非盲目膨胀的不实职称。如此不但能增强对方的被信任感，也能让对方对我们期待其所做的事产生兴趣和向往。

《论语·子路》里记载，子路问孔子，如果卫国国君让他从政，他应该作什么准备，孔子提出首先应当“正名”。当子路笑话老师迂腐时，孔子义正词严地批评了子路，说道：“名不正，则言不顺；言不顺，则事不成；事不成，则礼乐不兴；礼乐不兴，则刑罚不中；刑罚不中，则民无所措手足。”大意是说，如果名分不正，说起话来就不顺当合理；说起话来不顺当合理，事情就办不成；事情办不成，礼乐就兴盛不起来；礼乐兴盛不起来，刑罚的执行就会不得当；刑罚执行得不得当，百姓就不知道该如何是好。

孔子认为，一个社会要能够走上正轨，做到井然有序，必先“正名”。放到现在，这“正名”也就是赋予适当的头衔了。

所谓“在其位，谋其政”，一个人处于高位，必然期望自己是名正言顺的，也必定会向着这个方向靠拢。即使有人认为头衔不过是噱头，它利用的是人的虚荣心，我们也应该看到，这“虚荣心”正是促使人前进的动力。

杰出的军事家拿破仑，曾经毫不吝啬地将他订制的1500多个十字勋章授予他的臣民，优秀的士兵则被授予“大军”的称号，获得称号的士兵是何其荣耀！正是这轻而易举的口头嘉奖，令其麾下无数兵士热血沸腾，争做“想当将军的好士兵”。

玛莉在一次酒会上遇见了一位新晋的设计公司老总，老总告诉她最近公司首席市场官（CMO）的职位正在空缺，想请她独立担负起市场营销的职责。

于是，在接下来的三年里，玛莉作为设计公司的CMO，虽然她的部门只有7名员工，她却带领着员工们明显地提升了公司的知名度及品牌形象，将公司的成果有效地推向了市场，找到了良好的合作公司，同时，在控制成本、提高产效及加强沟通上都做出了不错的成绩。

想要让他人主动对你提供帮助，头衔的作用是值得你很好地利用一下的。与其说它利用的是人的虚荣心，不如说是它令人产生了使命感，而这份使命感又成了促使一个人产生自觉的强大动力，使之主动去实现头衔所赋予的角色要求。哪怕头衔是有限的，哪怕旗下的伙伴只有几名，一个人也会因为戴上某一稀罕的头衔而自豪，并为了对得起这一头衔而更苛刻地严格要求自己，以不负他人的期望。

头衔就如同英国皇家卫队头上的熊皮帽子，别人看着羡慕，自己也觉得荣耀，于是更加昂首阔步，威风凛凛。因此，在期望他人主动提供帮助时，不妨有效利用适当头衔的吸引力。

心理暗示，让对方在不知不觉间接受

美国著名的企业家、教育家和演讲口才艺术家戴尔·卡耐基，被誉为“成人教育之父”。然而，谁又能想到，他小时候竟是个不善言辞，甚至有些木讷的少年。他说自己的成功是从一次心理暗示开始的。

1903年，少年卡耐基在瓦伦斯堡目睹了一次演说，演说者是位见多识广的旅行家。旅行家以雄辩的技巧、扣人心弦的故事深深地吸引了少年卡耐基。有几句演说词让卡耐基印象深刻：“一个农村男孩，无视贫穷，甚至不顾眼前的一切而努力奋斗，他是一定会成功的！”演说者说完便问听众：“谁将是那个男孩呢？”接着他又自问自答：“各位先生、女士，你们正看着他呢！”演说者的手指顺便指了一个方向，正好指到了小卡耐基。面对听众投来的目光，卡耐基有些脸红，但更多的是兴奋和激动。从此，演说者优雅的风度、雄辩的技巧在卡耐基脑海中生根发芽，他梦寐以求地想当一名演说家。

后来，卡耐基做了一名推销员。在经历了数次失败后，他开始审视自己，他又一次想到了那位旅行家的话，他决定重新开辟一条适合自己的道路，于是他走上了演讲之路，最终成为一位名人。

后来，卡耐基在总结成功经验时认为，他学到的人生最重要的一课就是：思想的重要性。积极的心理暗示能开发人的潜能，激励人的斗志，帮助人们走出困境。

社交生活中，想让他人主动对你提供帮助，心理暗示的作用不容小觑。父母在孩子考试前对他说“我们知道你能行”，领导告诉下属“我左思右想，这件事也只有你办得到”，或者“这个项目如果做好，将会是个壮举，对你的晋升也大有好处”等，生活中的此类例子数不胜数。

再如众所周知的“望梅止渴”的典故。曹操在士兵口感难耐的时候，给他们描述了一大片梅林，被暗示的士兵在心中想象着这片梅林的时候，生理也受到了影响，不但口腔分泌出唾液，而且士气大振，不自觉地加快了步伐。在工作中，领导表现出对下属的期待和认可，下属自然会更加全力以赴，以不负上级的厚望。再如，有人向你描述，这次项目顺利完成的话，你将能获得不菲的收益，那么你干起活来也会更加卖力，因为你的心中也有了“一片梅林”。

积极有效的心理暗示所带来的巨大作用已经被广泛地运用于管理和教育事业中，甚至我们生活的方方面面。如果你期望对方的帮助，不妨暂时放下直白的言语和请求，采用委婉的暗示方式，让对方乖乖地对你说“是”。

互惠心理，先施恩才能让他人回报你

我们常会有这样的心理：“这事儿，反正力所能及，即使麻烦点也能搞定，不如送他个顺水人情，指不定咱将来也有要劳烦人家的时候。”由此看来，给人以人情，也是种善因得善果的行为。倘若能为，何乐而不为？这也是利用了人际交往中的互惠原理。

所谓互惠原理，即人们在收到对方好处时，会试图以相同的方式给予回报。比如，替他人背了“黑锅”，对方会将这份恩情铭记在心，下次在适当的时候给我们以援手。比如，结婚收了同事500元的礼金，下次对方结婚的时候，我们会包600元以回赠。

我们无意中受到了别人的恩惠，便会怀抱负债感，试图以后有机会回报给对方，这就是互惠心理。这负的是什么，要还的又是什么呢？这就是人情债。互惠原理也就是收了他人的人情，要还的就是这份“人情债”。我们常说的“知恩图报”，大致也有这层意思在里面。

雷根教授做过这样一个实验。在实验中同时邀请两个人参加一次所谓的“艺术欣赏”，然后让两人一起给一些画评分。实验的参与者还有雷根教授的助手乔，他参与两个实验状况的处理。第一种情况，乔在评分中间短暂的休息时间里，出去了几分钟，并带回来两瓶可乐，一瓶给真正的实验对象，一瓶给自己，并告诉实验对象，“我问他(主持实验的人)是否可以买一瓶可乐，他说

可以，所以我给你也带了一瓶。”第二种情况，乔没有给实验对象任何小恩小惠，中间休息后只是两手空空从外面进来。但在其他方面，他的表现都一模一样。

稍后，当评分完毕，主持实验的人暂时离开了房间，乔要实验对象帮他一个忙。他说自己在为一种新车卖彩票。如果他卖掉彩票的数目最多，他就会得到50美元的奖金。乔想要实验对象以25美分一张的价钱买一些彩票：“买一张算一张，但当然是越多越好了。”结果那个得过他好处的实验对象所购买彩票的数目是另一种情况下的两倍。平均下来，在这种实验条件下，乔做了一笔很合算的生意：他的投资回报率达到了500%。

在上述实验结束后，雷根教授让实验对象填写关于是否喜欢乔的问卷，结果发现，在未接受乔的可乐的条件下，实验对象购买彩票的数量与对乔的喜欢程度成正比；但在接受了乔的可乐的情况下，这种正相关关系完全消失了。也就是说，不管他们喜不喜欢乔，他们都觉得有责任来报答他，因此都买了较多的彩票。

因此我们也可以说，在现实生活中，无论别人的恩惠是不是我们所需要的，只要收受了，这份人情债也就算欠下了，负债心理使我们不得不接受那些即使自己不那么想接受的请求。

老舍先生的《骆驼祥子》里有言：“不但是出了钱，他还亲自去吊祭或庆贺，因为明白了这些事并非是只为糟蹋钱，而是有些必须尽到的人情。”可见人情在人际交往中的重要性。《诗经·卫风·木瓜》中有云：“投我以木瓜，报之以琼琚。投我以木桃，报之以琼瑶。投我以木李，报之以琼酒。”说的也是人际交往中的互惠情况。

牢记互惠原则，实际就是利用对方的负债感。没有人在收到他人若干好处之后还能泰然处之，不思回报。而在现代社会，很多“投之以木瓜”的行为，就是期待着他日别人“报之以琼琚”。你不能说这种行为是错的，或者太过处心积虑，因为我们永远也不知道何时可能需要他人帮助。既然如此，何不在该出手时就出手？可是，倘若对方不回报，又会怎样呢？

2007年湖北襄阳市曾发生了一起“5名贫困大学生受助不感恩被取消受助资格”的事件。其事情的起因就是，在受助一年多的时间里，2/3的大学生未给资助者写过信。有一名倒是写过信，但信中内容重在强调其家境如何贫寒，希望资助者再次慷慨解囊，通篇根本不见“谢谢”两个字，让资助者很是寒心。于是，部分女企业家表示“不愿再资助无情贫困生”，结果22名贫困大学生中只有17人再次获得资助，5人被取消资格。

这个例子足以说明人情和互惠原则在人际交往中的重要性。要想他人对你提供帮助，就要有回报的念头，哪怕是只言片语的言语反馈，也好过冷漠对待，不至于令人失望透顶。

在社会交往中，要想让对方主动对你提供帮助，可以利用对方的负债感；但其前提是，我们曾在适当的时候对对方施以了援手，这份人情让对方牢记于心。如此一来，在我们需要帮助的时候，对方自然会想着尽可能地为我们提供帮助，即所谓“滴水之恩，当涌泉相报”。

洞悉他人兴趣，创造前进的动力

心理学上对兴趣的定义是：人们力求认识某种事物和从事某项活动的意识倾向。说白了，就是一个人更愿意认识和做自己感兴趣的事。

我国近代思想家梁启超曾这样描述兴趣的作用：“趣味是活动的源泉，趣味干竭，活动便跟着停止，好像机器房里没有原料，发不出蒸汽，任凭你多大

的机器，总要停摆……人类若到把趣味完全丧失掉的时候，老实说，便是生活得不耐烦，那人虽然勉强留在世间，也不过是行尸走肉。”此外，《论语·雍也》里说，“知之者不如好之者，好之者不如乐之者”，也道出了兴趣的重要性。

有人曾对美国的成功人士进行了一次调查，结果表明，他们之中94%以上的人都从事着自己喜爱的工作。也就是说，一个人做好某项工作是要以喜好和兴趣为基础的。倘若做着没兴趣的事情，不耐烦和厌倦是迟早的事，个人所付出的努力以及所创造的价值自然也是十分有限的。

我国东晋著名书法家王羲之热衷书法，一次，他写字时，书童把饼子和蒜泥端上来，请他吃饭。他的夫人走进来，只见王羲之满嘴是墨。原来他是用饼子蘸着墨汁吃的，还不住地对夫人说蒜泥好吃。可见，一个人在做自己感兴趣的事时，可以如痴如醉到何种程度。

心理学家皮亚杰说，兴趣是能量的调节者，它的加入能激发储存在内的力量，足以使工作变得有乐趣。兴趣是最好的老师和内在动力。

喜欢绘画的人，在美术馆里对各种画作进行细心观赏，精心品评；对邮票感兴趣的人，尽可能想方设法地收集邮票，然后拿着镊子小心翼翼地分类，害怕损伤分毫；热爱电影的人，对热门或评论绝佳的电影都不愿错过，甚至废寝忘食。

以上都是兴趣使然下的常见现象。人的兴趣可以转化为动机，成为激励人们进行某种活动的推动力。

《物种起源》的作者达尔文，出生在一个医生家庭，他16岁时就被父亲送到爱丁堡大学学医，因为家里希望他能继承家业。

因为实在无意于医学，所以在爱丁堡大学虚度两年时光之后，他又被送到剑桥大学学习神学。可是达尔文并不信奉上帝，那些神学理论在他看来是那么不合逻辑。但是剑桥依然是改变达尔文一生的地方，在那里他结识了当时著名的植物学家亨斯洛和著名的地质学家席基威克，从此他一头扎进植物学和地质学的研究中不能自拔。

1831年，达尔文大学毕业后，自费参加了一次环游世界的科学考察航行。正是在这次远航中，在远离南美大陆海岸千里之外的茫茫东太平洋赤道线上，在那里的加拉帕戈斯群岛，年轻的达尔文通过对生物物种的考察，得出了有关生物进化的最初理论，为举世闻名的进化论奠定了坚实的基础。

在航行结束后，达尔文于1837年7月开始撰写《第一本笔记》，其内容就是后来《物种起源》一书的原始事实材料。

1859年，世人见到了开创人类思想新纪元的《物种起源》，从此结束了上帝造人的神话传说。

达尔文后来在他的自传中说，强烈的兴趣使他沉迷于自己感兴趣的东西，尤其热衷于了解任何复杂的问题和事物。可见兴趣能给一个人带来巨大的推动作用，它使人的行为产生倾向性，使人主动去探索兴趣所在的领域。

《汉书·董仲舒传》中记载：董仲舒讲学授课，三年不出屋，无暇看园中景，他的弟子又收了弟子，后来的弟子有的居然没见过他的面。可见他治学专心到了何种程度！这就是成语“目不窥园”的由来。因此可以说，有效利用兴趣对人的吸引力，能够事半功倍，使事情朝着期望的方向发展。

对此，图缘文化公司的策划主编杨毅深有体会。他说：“我研究生毕业后也面试了好几家公司，其中也有很不错的。可是最终选择这家新晋公司是因为，在最后面试的时候，总经理赵阳让我意识到自己真正想做什么，而他能给我这个平台和机会。”

其实，当时总经理赵阳也只是个仅有五年工作经验的创业新人，因为对中国传统文化的一腔热情而决定自主创业，做自己真正想做的事。在提到面试

杨毅的情景时，赵阳说："我同他随便聊了一下，大致说了我们公司的工作方向和侧重点，他以前学的是中文，也听出来他同我一样，对我国传统文化和历史都有极大的兴趣。我告诉他，我想要的不是个只会干活的员工，而是一个有理念和抱负的合作者，我希望我们能一起做好这个公司。最后我问了他几个问题，分别是：第一，你真正想做的是什么？第二，你在我这里可以获得什么？第三，作为我的合作者，你可以创造什么？我让他现在不用回答我，给他两天时间，想清楚了再告诉我。"

果然，第二天上午赵阳就接到杨毅的电话说："我想图缘有我想要的东西和真正想做的事情，我愿意成为你的合作者。"

如今，图缘已经成为成功出版50余本书籍的不大不小的公司，其出版作品中不乏畅销之作。杨毅始终坚信当初的选择是正确的，赞叹赵阳真的是个很懂得抓住他人兴趣、让人相信个人追求与工作目标具有同一性的人。

了解一个人的兴趣所在，于学生能因材施教，于员工则能正确安排职位和部门，合理分工。当一个人对某件事情感兴趣的时候，便会不自觉地花费更多的时间在其中。有效利用兴趣对人的驱动力和吸引力，自不必担心没有毛遂自荐者请愿向前。

故意表明事情难度，激起对方的斗志

苏联心理学家、教育家维果茨基有个著名的"最近发展区"的理论，其基本观点是：学生的发展有两种水平，一种是学生的现有水平，另一种是学生可能的发展水平。两者之间的差距就是最近发展区。教学应着眼于学生的最近发展区，为学生提供带有难度的内容，调动学生的积极性，发挥其潜能，超越其最近发展区而达到其唯以发展到的水平，然后在此基础上进行下一个发展区的发展。

换句话说，就是让任务难度稍高于学生的现有水平，利用学生的学习积极性和挑战欲望，使其获得进步。其过程就是不断把最近发展区转化为现有发展区，即把未知转化为已知，把不会转化为会，把不能转化为能。现代教育中，一直强调突出学生的主体地位，调动其学习的积极性，主动迎接困难和挑战。将这个理论扩大到现实生活中的其他领域也同样适用。

“撑竿跳女王”伊辛巴耶娃，是世界上第一个跳过5米的女撑竿跳运动员，并已23次打破世界纪录。每次比赛，她的出场都让人们感叹，只要看到她在赛场上，其他人就只有争银牌的分儿了。除了是撑竿跳运动上所向披靡的常胜将军，伊辛巴耶娃最为人津津乐道的还有她每次进步一厘米的赛场表现，她不急不慢，在跳高场上一厘米一厘米地刷新着自己的纪录。她说她的目标是36次打破世界纪录的布勃卡。

伊辛巴耶娃在职业生涯中，在每一个赛场上，每次进步一点点，向自己心中更高的位置跳跃出自己的风采。她曾28次刷新室内、室外纪录，被人们称为“穿裙子的布勃卡”。

心理学中说，适当的挑战能激发人的潜能、勇气以及恒心。老师给学生出一道更难的题目，父母要求子女下次多考10分，上司让下属把方案修改得更完美，这些都是生活中随处可见的挑战任务。当我们面对一个目标时，如果觉得它比我们所熟悉的要多些难度，往往做起来也更有激情，付出的努力也会更多。

马斯洛的“需要层次理论”把人的需要分为生理的需要、安全的需要、归属和爱的需要、尊重的需要、自我实现的需要。其中，自我实现的需要是人的需要层次中最高层次的需要。它指的是实现个人理想、抱负，发挥个人聪明

才智的需要。激起对方的挑战欲望，实际上就是利用人渴望实现内在需要的动机。

有家玩具生产厂，最近有了笔很大的订单需求，回报颇丰，但生产时间很短。经营者在考虑要不要接下它。如果接了，将会给厂里创造一年的收益，却又怕不能按时交货；可如果不接，这到嘴边的一块肥肉就会飞了。他犹豫再三，找来了生产部门的几个负责人，说："我这里收到笔很大的订单，可还没有决定到底要不要签，我们研究一下吧。"

几分钟后，经营者说："我知道咱们的员工工作起来都是很卖力的，你们带领下的团队我一直是很信任的，你们上次完成的订单足足提前了近一个月，说出去谁都佩服得不行。可咱这里从没接过这么大的订单，如果做得好，回报自然也是很可观的，咱厂的实力也会获得极大的提升。可我也担心这会大大加重你们各部门的负担，所以这次我想听听你们的意见。"

负责人们在经过一番讨论后，回答道："我们讨论了一下，机不可失，只要把手头上的工作重新分配一下，抓紧时间，虽然辛苦些，可是应该能在期限内完工。所以这个单子我们要接。"

最终，该厂成功地完成了订单，而经营者也将这笔巨大的收益用在了扩大生产规模和员工福利上，甚至还成立了自己的玩具设计部门。

每个人都有自尊心和自信心，都想超越自我、做得更好，最大限度地证明自己。在自我实现的创造过程中，享受一种所谓"高峰体验"的情感，这时的人是最能体现自己价值的。

第7章　和善谦逊：消除心理成见，化解他人敌意

这个世界不存在百分百受欢迎的人，即使做人圆通如薛宝钗，也有过不被林妹妹待见的时候，可以说，我们的周围总会有对我们不冷不热，甚至心怀敌意的人。有时，关于不友好的态度，可能连当事人自己都说不出具体缘由，让你连解释和据理力争的机会都没有，这时该怎么办呢？是放任不管，还是委曲求全？都不是！化解敌意其实并没有那么难，找对方法便能迎刃而解。

态度谦卑，赢得认可和尊重

东晋道教学者葛洪有言：“劳谦虚己，则附之者众；骄慢倨傲，则去之者多。”意思是说，谦和的人，身边的朋友和追随者就多；而傲慢的人则相反。

没有人喜欢处处表现得比自己优秀的人，尤其当你的表现让对方觉得对他实现自我造成障碍时。人们都希望自己处于主动的位置，当你向人示弱时，对方便会产生优越感，便会感受到自己是被重视和认可的，如此便可消除对方的敌意，赢得认可和尊重。

徐明进公司两年就被升为部门经理，着实在朋友面前风光了一把。可是最近徐明发现，他布置的工作总有拖拉和敷衍的现象，在他非常严肃地批评了几个人之后，也没完全杜绝这种现象。下属就像故意跟他作对似的，不时地来那么一下，且借口颇多。下属工作不认真，积极性不高，让徐明也很无奈，可又找不出原因。

一次在公司食堂独自吃饭的时候，他无意中听到背对着他的两个同事的聊天，这才恍然大悟。原来，虽然徐明是经理，可并没比下属们年长多少，甚至有些人进公司的时间比他还早一些。可自从当了经理之后，他自觉职位比以前高了，说话的时候经常会很大声，批评人的时候也丝毫不留面子，难怪跟同事的关系越来越疏远。

没过多久，人们发现他们的徐经理有了些变化，变得比以前虚心好学了，整个人都平易近人了很多。他会对设计小张说："小张，你这个方案做得很好，我有几个地方还需要理一理，你给我讲讲吧。"他对秘书小马说："小马，你那份材料总结得还是很不错的，只是有个别地方还需要修饰一下，我看的时候顺手帮你圈出来了，你看怎么改最好。"诸如此类。

可见，一个人想改变他原本给人的不好印象其实并不难，尤其是在上下级的关系中。例子中的徐明并没有做出什么为人称道的大事，只是改变了他平时做人的态度，放低了姿态，让别人感觉到被重视和尊重，别人对他的印象自然比以前好了，办起事来也不再推三阻四了。

古人云："满招损，谦受益。"一个人总是表现得自己无所不能，自满得意，必定会让别人有压力，也会引起对方的反感。尤其对于职场新人而言，争取表现固然是好的，可也要拿捏好尺度，比你经验丰富的前辈们一定有很多你值得学习的地方，同级员工也一定有令人赞赏的优点。对于上司而言，适当把姿态放低，让下属有被肯定和器重的感觉，他们做起事来自然也会更卖力。

《周易》中说：不显露、炫耀才华，固守柔顺之德，即使辅佐君王，亦不居功自傲，会有善终。告诫的就是做人要懂得低调，而对这个道理，最懂的人恐怕莫过于越王勾践了。

越王勾践兵败之后向吴王求和，做了吴王夫差治下的小小马前卒，地位低下。他喂马除粪，清扫劳作，甚至在吴王病时亲尝粪便，以观病情，其卑微的

姿态令夫差都敬佩不已，夫差最终放他归国。这才有了之后卧薪尝胆、一举灭吴的佳话。

从一国之君到贱仆卑奴，勾践之所以取得了后来的成功，最重要的一点莫过于懂得适当放低姿态，能屈能伸，此之谓大丈夫。夫差轻信了勾践表现出的低姿态，甚至为之赞赏、动容，动了恻隐之心而放虎归山，最后落得个国破身亡的下场。

法国哲学家罗西法古说："如果你要得到仇人，就表现得比你的朋友优越吧；如果你要得到朋友，就让你的朋友表现得比你优越。"可见，懂得表现谦卑的人是最能化解他人敌意的人。

齐桓公是古时出名的礼贤下士的君王，据《新序·杂事》记载，齐桓公听说小臣稷是个贤士，想与之见面交谈一番，可是一天去了三次对方都托故不见。身边的随从说："主公，您贵为万乘之主，他一个平民，您一天跑了三次都没见着，不如就算了吧。"齐桓公说："不是的，贤士轻视钱权者，当然也轻视君主；如果君主轻视霸主，也会轻视贤士。即使贤士轻视钱权者，我又怎敢轻视霸主呢？"终于，在接连五次拜访之后，齐桓公才见到了小臣稷。后来各国君主听说此事后，对齐桓公恭敬待人的态度十分钦佩，便一同前往朝拜齐桓公。

以上例子说明，一个懂得谦卑的人是有无穷魅力的，他不但尊重了他人，也获得了他人的尊重，这是双赢的结局。

泰戈尔说："当我们最为谦卑的时候，是我们最接近伟大的时候。"孔子说："三人行，必有我师焉。"只要我们睁大双眼，努力去发现别人的优点和长处，适时地"不耻下问"，一定会受益匪浅的。

从共同话题谈起，引起对方的好感

卡耐基说，如果想要交朋友，并成为受人欢迎的说话高手，就要用热情和生机去应对别人。我们都知道，在与人交谈时，最好能找到对方最感兴趣的话题。可是，每个人最感兴趣的话题是什么呢？是他们自己。

一个成功的交谈过程应该是让对方能在你们对话时侃侃而谈，此时重要的不是你是否对谈话内容感兴趣，重要的是对方是否感兴趣。心理学家说，情感影响人的行动。积极的情感，比如快乐、愉悦、兴奋等，将会引发良好的行为效果。一次对话中，若我们能够成功引导对方谈论自己，让他们觉得愉快，那么这次对话就是具有积极意义的，也会为接下来的交流和行为打下有益的基础。

在与人谈话时，先找准对方感兴趣的事物，没有人会抗拒参与一个他十分感兴趣的话题的。敲开语言的大门，自然能使交际向更进一步的方向发展。

据说罗斯福总统有个习惯，在每个拜访者来之前的一个晚上，他都会根据对方感兴趣的话题作准备。因此，每一个拜访者在乘兴而归之时，都会对他渊博的知识表示赞叹。

查尔斯·西莫说："罗斯福总统的白宫大门永远欢迎能使总统提起兴趣的人。无论是各领域的专家，还是其他的访客，他总能立即找到一个双方都感兴趣的话题。"哥马利尔·布雷佛也写道："无论是一名牛仔、骑兵还是一个纽约政客、外交官，罗斯福都知道该对他说什么话。"

罗斯福主动学习并非为了在与他人的对话中侃侃而谈，而是为了能及时给予对方反馈，比如及时发问。当一个人发现你对他所熟知的问题很感兴趣的时候，自然会说出更多的话，愉快的气氛便随之产生。

杰弗里·H.基特玛说："如果你找到了与潜在客户的共同点，他们就会喜欢你、信任你，并且购买你的产品。”其实，无论是商品营销还是人际交往中，“套近乎”都是拉近彼此距离的好方法。

一位日本议员在拜访埃及总统纳赛尔时说：“尼罗河与纳赛尔这两个名字，在日本是妇孺皆知，今天这次谈话，我与其称您为总统，不如称您为上校吧！因为我以前也做过军人，也同英国人打过仗。英国人骂您是‘尼罗河的希特勒’，他们也骂我是‘马来西亚之虎’。我读过阁下的《革命哲学》，我曾把它同希特勒的《我的奋斗》作比较，我发现希特勒是实力至上的，而阁下则充满幽默感。”

纳赛尔听完很高兴，说：“我写的那本书，是革命之后三个月匆匆写成的。您说得对，我除了实力之外，还注重人情。”

日本议员说：“对呀，我们军人也需要人情。我在马来西亚作战时，一把短刀从不离身，并不是为了杀人，而是为了保护自己。阿拉伯人现在为独立而战，正是为了防卫，正如我那时佩着短刀一样啊！”

纳赛尔更高兴了，说：“阁下说得对极了，以后欢迎您每年来一次埃及。”

接着，议员顺势转入正题，谈起了两国关系和贸易，在愉快和谐的氛围中，双方很快达成了一致。

从上述的例子中，我们看到，议员提前作好了准备，称呼军人出身的纳赛尔为“上校”，以示对他的尊重，同时表示读过纳赛尔的著作，并持敬重和赞扬的态度，称其独立战争是正义的防卫之战。议员的话句句说到了纳赛尔的心坎儿里，叫他怎能不欢喜？

现实生活中，在与人交谈前，应先寻找共同点，引发共同语言，引导对方主动谈论他们自己，这样有利于为我们的交际创造良好的氛围。彼此的愉快交流多了，对方的敌意自然也就少了。

得体适宜的赞美，拉近彼此距离

法国名人拉罗什富科说：“理智、美丽和勇敢的赞扬提高了人们，完善了人们。”从社会心理学角度来说，赞美是一种有效的交往技巧，能缩短人与人之间的心理距离。

某企业家也说：“人都是活在掌声中的，当部属被上司肯定，他才会更加卖力地工作。”当一个人被赞美的时候，他能获得极大的心理满足，会产生舒适和兴奋感，这种感觉甚至会影响他待人处世的方式、办事的效率等各个方面。喜欢被赞美是人的天性。

根据调查发现，2008年经济危机以前，日本的许多管理者都反映他们不习惯亲口夸赞下属，甚至“一句好听的话都不会说”；然而随着经济危机的爆发，为了振奋士气，重塑信心，日本兴起了“说好话运动”，甚至出现了不少“赞美”网站和“说好话”培训班。

在这些网站上，网友可以输入自己的相关信息，接着就会出现各种溢美之词。当然，假如你觉得这些话都太过笼统，并非真实可信的话，那不妨注册论坛，讲述某件自己做得不错的事情，不到几分钟，将会有几千个素不相识的会员对你的行为大加赞美。有网友反映，当工作结束后，觉得很累时，获得这样的赞赏，感觉真的很开心。

有寿司店老板在接受完“说好话”培训后，甚至要求店员每天要互相称赞对方。果然，一段时间后，不但店里营业额提高了，店员们的关系也变得融洽了。

赞美之所以会有如此神奇的效果，关键在于它满足了一个人的自我。当一个人获得肯定的时候，他就会受到鼓舞，从而有更积极的表现，做出能够维持乃至得到更多赞美的行为。

心理学家马斯洛的“需要层次理论”认为，尊重的需要是人类高层次的需要。当一个人获得赞美时，也正是他被认可和尊重的表现。恰如其分的赞美，会让人产生兴奋感和愉悦感，同时也能改善我们的人际关系。

小李是公司的新职员，他性格外向，待人和气，办事认真，很容易赢得同事们的好感，除了同事小吴。小吴比她早两年进公司，作为前辈，小吴似乎对她有些敌意，她们的关系也一直比较生疏。于是小李决定主动接近小吴。

周一上班的时候，小吴穿了条新裙子，小李看见了，满脸羡慕地对小吴说：“哇，你穿这条裙子真好看啊，显得你的气质特好！”

小吴先是一愣，然后也笑着答道：“真的吗？谢谢。”

“当然了，要我穿肯定就穿不出这么好的效果，真羡慕你的身材啊！”小李继续说道。于是，从一句赞美开始，小李在认真工作之余，继续不时地跟小吴套套近乎。没过多久，小吴也开始主动跟小李打招呼了。

这个例子告诉我们，赞美具有沟通与他人之间情感的作用。特别是当你们之间产生隔阂时，赞美是对他人的认可和肯定，是关心和注意对方的表现。恰到好处的赞美，有利于消除彼此之间的芥蒂、增进感情和提高信任度。

有学者这样提醒人们：“努力去发现你能对别人加以夸奖的极小事情，寻找你与之交往的那些人的优点，那些你能够赞美的地方，要形成一种每天至少五次真诚赞美别人的习惯，这样你与别人的关系将会变得更加和睦。”

但是这里也要提醒人们，赞美一定要发自内心，违心和不合时宜的赞美非但不能取得良好的效果，反而容易适得其反，让人以为你有心藏奸，居心叵测，尤其是在对我们有敌意的人面前。正如培根所说：“即使是好心的赞美，也必须恰如其分。”

比如，你可以赞赏一个长相不佳的女士气质好，却不能虚假地夸她漂亮；你可以在郊游的时候夸奖一个同事烧烤做得好，却不能在他把食物烤焦后也这

样说；面对一个有明显不足的作品，你不能二话不说就将其夸得天花乱坠，这无意于自毁品位。诸如此类。赞美要诚心，避免空泛和夸大，罗丹说：“生活中不是缺少美，而是缺少发现。”即使是不喜欢我们，或者我们不喜欢的人，只要认真观察，他们身上就有值得赞赏的地方。

歌德说过：亲切的态度是联系社会的纽带。而赞美无疑就是向人示好的有效手段。积极地去发现他人的优点和长处，大方给予肯定，将使我们的人际关系更加和谐。

及时雪中送炭，让他人对你心存感激

《论语》有云：“与其锦上添花，不如雪中送炭。”“君子周济急需，而不给富人添富。”说的就是要给人以及时帮助的道理。

同样是帮助人，两者的作用、效果却大有差别。锦上添花，别人可以一笑置之；而雪中送炭，则是旱林恰逢及时雨，会令对方将你的好铭记在心。尤其当你在此事上表现得毫不犹豫时，再有敌意的人也将转变态度。

保险推销员小林一心想做成张先生家的业务，并已经为此四次登门。以致张先生家现在在猫眼里看到是他就不开门了，只告诉他，他们家不买保险。张先生家除了妻子和女儿，还和父母住在一起，小林相信这家的购买潜力是很大的，假如做成了，他的提成也会不少。

这天，小林又在张先生家所在的小区推销业务。这时，突然看到一位提着菜篮的老太太倒地，小林马上跑过去。这时有人围了上来，只听有人说：“这是张家奶奶，估计是脑出血，赶快打120。”人群一阵慌乱。

小林一听“脑出血”三个字，立马劝退人群，蹲下将老太太放平，解开她的衣领，还招呼人赶快拿冷毛巾过来。

直到老太太被送上急救车后，小林才松了一口气。只听旁边有人问：“小伙子，真行啊，还知道怎么急救。”

“呵呵，我爸也有这毛病，希望大妈没事。”小林憨憨地说。

之后小林就将这件事渐渐淡忘了。两个星期后，小林却意外接到了张先生的电话，这才知道原来救的人正是张先生的妈妈。张先生感激地说：“医生说幸好你处理得及时，不然送到医院可能就来不及了，真是太谢谢你了。”后来张先生为了表示感谢，给全家都买了保险。

于是，小林在无意中签下了一笔不错的单子，也和张先生一家交上了朋友。

俗话说：“莫以善小而不为。”以上例子中，正是小林的热心行为，才“无心插柳”，获得了不小的回报。

生活中，如果想让他人对自己改观，不妨试试处处为别人着想，从小事着手，抓住对方的需要，及时伸出援手，凡能做到如此，定能起到事半功倍的效果。

小汪和老陈是同事，这次单位分房，小汪分到了，而老陈没有。这事使两人关系急转直下。小汪知道，老陈对此事耿耿于怀。在年终测评的时候，小汪获得的评分比去年低了很多，这让他很郁闷。

他自认为没有得罪同事，工作也干得不错，这事估计跟老陈有关。小汪是才来两年的硕士毕业生，而老陈是单位的老前辈，小汪这次急着跟前辈争房子无非是因为女朋友家催得紧，他也想赶紧把结婚的事落实。这次房子是拿到了，却不小心得罪了前辈，其他的同事自然也有些看不过去了。

小汪琢磨着，两人之间的这根刺怎么着也得拔了，拖下去肯定会影响以后的工作和发展。

最近小汪听到老陈无意中对同事说，自家儿子还有一年就要高考了，成绩却不太理想，实在很忧心，如今请个家教又不便宜。小汪听后，马上有了主意。他主动找到老陈，告诉他自己以前做过家教，可以利用每天晚上的空闲给老陈家的孩子补习。老陈开始是拒绝的，估摸着要是答应了，面子上有些过不去，而且自己对上次的事挺介意的。可又一想，这是孩子的前途问题啊，而且小汪确实是正儿八经好大学出来的硕士生，干吗要拒绝呢？

果然，经过几个月的补习，老陈儿子的成绩明显提高了不少，老陈和他太太开心得不得了，对小汪也越来越喜欢，之前彼此之间的不快也慢慢烟消云散了，在单位提拔新人的时候，老陈还第一个站出来表示支持小汪。

以上是生活中很常见的化干戈为玉帛的故事。化解他人敌意，有效的方法之一就是表示你的友好。为他人提供及时的援助，为其解决燃眉之急和忧心之事，无疑是最直接有效的示好方式。所谓伸手不打笑脸人，你对对方好，对方是不可能完全无动于衷的。

有这样一个故事：

战国时期，魏国边境靠近楚国的地方有一个小县，大夫宋被派往那里做了县令。楚魏两国交界地的村民种了一块瓜田。

不巧，这年春天天气有些干旱，魏国村民组织起来，往地里挑水浇瓜。不久，魏国村民的瓜的长势明显要比楚国好。楚国人出于嫉妒，趁天黑偷偷去踩踏魏国人的瓜秧。不久，魏国村民发现了这件事，并向宋请求也去踩踏对方的瓜田。

宋听了之后，对村民说："如果我们那样做了，对方也不会善罢甘休的，最后我们谁都别想收获一个瓜。"于是村民问："那我们该怎么办呢？"宋答道："你们每晚帮他们浇地，看看会发生什么事。"村民按宋的意思，开始帮楚国人给瓜地浇水。楚国人发现后，对于魏国人以德报怨的行为惭愧不已。

后来有人将此事报告给了楚王，楚国原本对魏国虎视眈眈，一听说这事，楚王大受震撼，便派人带着丰厚的礼品来向魏国道歉，并主动要求交好。自此，楚魏两国关系也变得融洽起来。

诸如此类的例子还有很多。在这个世界上，善意总比恶意多。只要换个角度，站在对方的立场思考一下，以友好的态度去对待那些对我们有敌意的人，哪怕举手之劳的协助，只要我们及时付出，对方必定会有所感恩，如此自然能够慢慢化敌意于无形。

收敛锋芒，避免误会与敌意

从“人之初，性本善”这句话我们知道，富有同情心是人的一大优点；然而达尔文提出的“物竞天择，适者生存”的自然规律，又决定了人争强好胜的本性。

现实中，每个人都希望得到他人的赞扬和敬佩，当一个人面对一个滔滔不绝、处处表现出自己优越感的人时，会本能地产生排斥心理，从而感到厌烦。在人际交往中，对一些夸夸其谈、不懂得谦虚和收敛的人，我们会自然而然地敬而远之。

张小姐是公司新来的同事，长相漂亮，善于装扮，性格活泼外向，喜好与人交流。可是，没过多久，张小姐就发现她跟同事的关系依然很疏远，有时，当她准备主动上前与人攀谈一番时，那人竟然点头示意之后就急匆匆走开了。张小姐对此很困惑，她特意请教了一位稍微年长的前辈。

前辈看了她一会儿说：“你真的想知道？”

“嗯。”张小姐虚心地肯定地答道。

前辈说："那好，我问你，你有注意过你平时与人聊天时谈论的内容吗？"

她想了想后，说："呃……聊过我以前的学校、家人的情况，跟女同事聊过服饰、美容，提过男朋友……"说到这里，张小姐茅塞顿开。她看似平常的话题，完整说出口后是什么呢？她以前的学校怎么怎么好，校园多么多么漂亮，国内很少有大学能比得上；她爸爸是某局局长，她妈妈是医院主任；她新买的名牌包多少钱，她的这套化妆品肯定比对方说的那套好……

张小姐忽然意识到，原来，在与人交流的时候，她所有话的开头几乎都有一个"我"字，她所有的句子里都有一个词是比较级。每个人都有自尊，内心里都希望自己是优秀的。与他人交往时，若你不断地说你自己的事，讲自己如何辉煌的过去和人生，即使你没有恶意，久而久之，大家也会对你退避三舍。

此后，张小姐在与人谈话时嘴变得"拙劣"了许多，她把更多的时间用于倾听对方的讲话，只在必要时附和或加以提问。她发现，只要这样，对方便会更加愉快地将话题进行下去，说出更多的话来。

在与人交流时，故意表现出笨拙的一面，不失为一个让对方产生优越感和拉近彼此距离的好方法。当然，这里所有的聪明和笨拙都是相对而言的，它是根据场合而定的。真正的聪明人是大智若愚，只会在关键的时候让人见识到自己的才学智慧，平时则会收敛锋芒，将可能引起他人敌意的因素都掩饰起来，这使得他们不但能在为人处世上赢得好感，能力也同样会被认可。

《清新格言》中说："不责小人过，不发人隐私，不念人旧恶。三者可以养德，亦可以远祸。""誉我则喜，毁我则怒"，是人之本性。因此，即使是在指出他人错误的情况下，也不可让对方有被轻视的感觉。适时让自己变笨，无疑会让人产生"同类"的感觉，如此一来，让他们承认并及时纠正错误也变得更加容易。

约瑟芬在给卡耐基当秘书时只有19岁，那时她才中学毕业三年，也就是办事经验比同龄人稍多一些。在卡耐基身边的日子，她学到了很多，直到成为一个完全合格的秘书。

卡耐基后来在《人性的弱点》一书中披露了他是怎样把一个职场菜鸟培养成一个令雇主满意的员工的。当他要使约瑟芬注意一个错误的时候，他常说：“你做错了一件事，但天知道这事并不比我所做的许多错误还坏。你不是生来具有判断能力的，那是由经验而为的；你比我在你的岁数时好多了。我自己曾经犯过许多愚鲁不智的错误，我有绝少的意图来批评你和任何人。但是，如果你如此如此做，你不觉得更好吗……”

从这个例子中我们看到，卡耐基在指出约瑟芬的错误时，并非大加指责，而是先从点明自己犯过更糟糕的错误开始。当一个人在听说对方犯过比自己还严重的错误时，对于批评也就变得更容易接受了，尤其是在面对一个自己尊重和敬仰的人时，会更加虚心地接受对方诚恳的批评和建议。

设想一下，作为对方的长辈和上司，倘若卡耐基不是开始就以自己的“不完美”让约瑟芬有了亲切感，而是直接指责对方的过失，想必就是另一番情况了。也许约瑟芬同样会接受批评，只是会心不甘情不愿，甚至对这位上司的“不近人情”大为恼火和怨恨，这样势必会给彼此今后的相处带来更多不必要的矛盾。

“笨小孩有糖吃”，真正的聪明人都是大智若愚的，适当扮扮“笨小孩”，才会让人产生同情和关照的心理。让自己变得笨拙一点，令对方有强于我们的优越感，自然能拉近彼此的距离，赢得更多的好感。

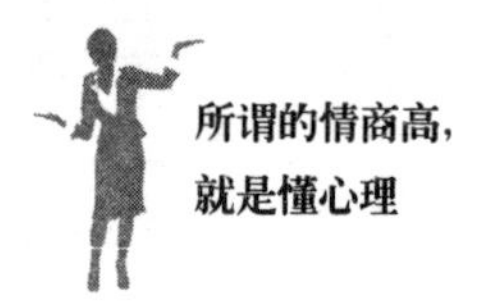

展现你的涵养，让诋毁和敌意不攻自破

所谓涵养，即人能控制自身情绪的修养功夫。美国作家爱默生说：“涵养，可归结为道德情操问题，是人修养的本质。”

宋代学者朱熹也有言：“平日庄敬涵养之功至，而无人欲之私以乱之。”这是朱熹以静制动的说法，意思是只要平时庄重恭敬的功夫做到家了，就没有人能左右你的情绪，即告诫人们要以静制动，以泰然的态度化外界的干扰于无形。

陈女士是同事中出了名的好人缘、好脾气，她以前可不是这样。

她说：“以前自己是个脾气很暴躁的人，时常因为压力和不顺心而大发雷霆，即使在家人和同事面前，也像个定时炸弹，这让我自己和身边的人都很痛苦。”

“那是什么改变了你呢？”

“是我经历的一件事吧。”陈女士娓娓道来，“我曾经因为觉得已经无法负荷生活和工作的重压而决定去旅行。我来到一个很美的欧洲小镇，在一个小酒馆里，我见到了这样的一幕：一个服务生因为一位阿拉伯女士而不小心打翻了盘子，在当地，人们对阿拉伯人是有歧视的，因此服务生将错误都推到了那位女士身上，怒气冲冲地对她大加斥责。

“可是在整个过程中我注意到，那位被横眉怒指的女士始终没有还口，而是静静地看着服务生，凛然之气有目共睹。在这种气场之下，服务生终于渐渐闭了口，随即因自知理亏而面红耳赤。虽然是一件小事，却让我见识了什么才叫真正的涵养。”

“重新回到工作中以后，每当濒临失控边缘的时候，我都会提醒自己想想那位阿拉伯女士，她是我的榜样……”

《道德经》中有云："上善若水。水善利万物而不争，处众人之所恶，故几于道。"在上述故事中，我们看到，一个人在面对敌意时，泰然处之的态度是最具有震慑力的，这就是个人涵养的力量。

法国作家拉罗什富科所说："如果一个人内心总不平静，他到哪里也得不到安宁。"平静是一种对事物的温和态度，无论对方如何挑拨和诋毁，我们都不为所动，内心坚定，"以柔克刚"如太极之精妙。

传说释迦牟尼在世间传法时曾遭到众多污蔑。一个婆罗门的女人在自己的肚子上绑了个盆，将它藏在衣服里，接着她看见僧侣团在市集上，趁机当众诽谤释迦牟尼，说他使自己怀孕了。当时很多人相信了此事，佛家弟子想要反击，被释迦牟尼阻止了，他坦然面对这一切，面含慈悲。后来，当这个女人在经过城门的时候，肚子里的盆不小心掉了下来，一时间谎言不攻自破。

通过以上的例子我们看到，坚定泰然的人在面对敌意时，往往不为所动，正如美国心理学家科胡特所说的"不含敌意的坚决"。能做到这一点的人往往是十分自信的，他们有自己的原则和信仰，相信自己和自己所做的事，对莫须有的诋毁和敌意皆抱坦然无惧的态度，最终令他人折服于自己的涵养之下。

明代哲学家、军事家王阳明一生最大的军事功绩是平定宁王宸濠之乱。然而，更严峻的考验却是在平叛之后。当时，叛党江彬为了滋事，命爪牙张忠领军去王阳明属地，每天派人在其家门前大肆辱骂，企图激怒王阳明。

然而王阳明并没有与这支队伍对战，反而极尽善待，衣食看病，样样都不含糊。最后这支队伍不再听从张忠的指使，化解了对王阳明的敌意。

王明阳有句名言："此心不动，随机而动。"意思就是说，我的心不被外界影响，能够不为所动，但是我能理解外界所想，于是能采取相应的行动。

人际交往中，面对挑衅和恶意能够不为所动自然是好事，然而，好的涵养并不代表着一味退让。涵养还表现在，面对敌意和侮辱时能够拿捏得当，不畏

缩、不妥协，也不口出恶言。

周总理的外交生涯中有不少为人称道的故事。一次，有个美国使团访华，其中一名官员当着总理的面说："中国人很喜欢低着头走路，而我们美国人却总是抬着头走路。"此语一出，语惊四座。只见周总理不慌不忙地微笑道："这并不奇怪。因为我们中国人喜欢走上坡路，而你们美国人喜欢走下坡路。"

何其精妙的回答！温和儒雅的周总理以"以柔克刚，借力打力"的方式给了美国人有力的还击，维护了我国人民的尊严。

泰然处之的涵养，并非刻意忍让，而是表明一种态度，正气凛然，不可侵犯。心理学上说，当你被他人的敌意影响时，你可能本身也对对方有了敌意。因此，真正的泰然是无畏则刚，是内心自有坚持。以我之微笑还他人之怒目，令对方感到无趣和自惭形秽，才是不战而胜的上上之法。

别忽视细节，从小事上感化对方

曹雪芹说："世事洞明皆学问，人情练达即文章。"荀子《劝学》中也有"不积跬步，无以至千里；不积小流，无以成江海"的说法。二者讲的都是与细节相关的道理。

关于细节的事很容易被误解为小事，然而，正如老子言："天下难事，必作于易；天下大事，必作于细。"可见，"小事"从来都不小。无论是日常交往，还是工作学习中，细节有时会引起整个质的飞跃或改变。卡耐基说："一个人的成败有85%是由人际关系决定的。"而人的成败大事又都是由小事情组合起来的，因此我们可以得出结论：细节在人际交往中的作用十分值得关注。

同部门的小钟和小马最近关系有些僵，全因为上次公司会议上，两人为了各自的方案针锋相对。小钟的提案创意好，可实施性有限；而小马则相反，他的方案在技术层次上比小钟的方案有保障得多。于是上司决定让他们发挥各自所长，两人合伙搞好小钟的方案，小马提供技术建议和支持。

虽然是这样的安排，可也并非平分秋色的结果。毕竟，为了各自的方案，两人都是加班加点，废寝忘食。虽然小马最后也参与进来了，可自己原本的方案就此打了水漂，如今还要为他人做“嫁衣”，他心里是着实不愿意。

因此，在接下来的合作里，小马时不时地利用小钟技术上的缺陷来给他出难题，甚至有时给了提案后自己就不管了，让小钟自己去琢磨。小钟对于小马的建议通常都会认真思考和整理，然后再向小马请教不懂的问题。小马也不是那么小气的人，见小钟那么虚心，倒也的确教了他不少东西，原本拒绝合作的心也淡了。

在工作进度的汇报会议上，小钟非常感谢小马的帮助，并表明，这次如果没有小马，他的点子是不可能实现得这么顺利的，此项工作成果是他们共同的作品。

会议结束后，小钟很明显感觉到小马比以前积极了，对他的态度也不再那么充满敌意了，两人在工作中的默契也得到了上司的赞赏。

从上述例子我们可以看到，小钟最后能够获得小马的支持，归功于他抓住了几个细节：其一，不放过任何一个疑问，虚心好学；其二，主动认可小马的贡献，不贪功。

化解他人敌意往往并没有我们想象的那么难，一个动作、一句话、一件小事……都能在无形中将对方的敌意软化、消磨。心理学家说，当人们面对他人的微笑时，神经会受到直接的刺激，会本能地想要回以微笑。换个说法就是，当你的恶意收到的是对方善意的反馈时，敌视的心意也会被对方的善意感染，

消极的情绪也会逐渐烟消云散。

日本首相田中角荣每天都很忙碌，那些对首相有所求的人都要提前预约。田中角荣有个习惯，他会在谈话结束后，根据事情的结果来决定自己是否要亲自送客。例如：对那些达成愿望的来访者，田中角荣会看着他们乘兴而去；而对于那些请求未被接受的客人，田中角荣则会亲自将客人送出门，并同对方握手。

当被问到这样做的原因时，田中角荣说，那些目的达到的人已经很开心了，于是我直接让他们离去；可那些未被满足的人心情则是沮丧的，而我不希望他们因这件事感到愤怒或仇恨，所以亲自起身送客。这样，即使那些人没有办成事，他们也不会那么恼怒了。

为了减少或者杜绝他人产生敌意，田中角荣对送客这个细节的关注无疑是未雨绸缪的好方法，它早早地将对方的负面情绪化解在萌芽时期了。

在平时的工作生活中，发生摩擦是不可避免的，重要的是如何及时处理这些矛盾。前面我们提到，微笑是相互的。不需要赴汤蹈火、舍生忘死，也没必要大吵大闹、据理力争，从小事着手，让对方在细节处获益，或感受到你的诚意，必可如明矾进水，还彼此以清澈。

第8章 沉静果断：耐心安抚，恰当处理反对意见

我们都知道，从来没有能赢得所有人支持的改革和主张，任何新事物的出现必伴随着质疑和反对之声。面对反对者的意见和建议，是全数接收，还是强制驳回？处理不当，必定会给我们接下来计划的实施造成阻碍和麻烦。因此，处理反对意见时，即使不能让对方心服口服地表示支持，也要将驳斥之声降到最低。是选择双赢，还是单方面强制执行？或者有别的更好的方法？这就需要具体情况具体对待了。

适当让步，退一步海阔天空

管理学上有个“以退为进策略”，是指以退让的姿态作为进取的阶梯，退是一种表面现象，由于在形式上采取了退让，使对方能从己方的退让中得到心理满足，不仅能令其思想上放松戒备，而且，作为回报，对方还会满足己方的某些要求，而这些要求正是己方的真实目的。这个策略表现出来就是：我让你一尺，你还我一丈。

以退为进是大智慧，先让对方一步，然后争取主动、反守为攻。将这一策略应用好，可以让你受益匪浅。

美国南北战争时期的名将斯坦东十分瞧不起林肯，曾声称：“我不愿意同那个笨蛋、老憨、长臂猴为伍。”他常在公开场合讽刺林肯，甚至说：“我们为什么非得到森林里去看大猩猩呢？白宫就有一个，正在抓耳挠腮。”

虽然被如此对待，林肯却很欣赏斯坦东，因为，除去对总统的偏见，斯

坦东的确是个对国家忠心耿耿、工作卖力的军人。因此，在一次会议上，林肯说："我决定牺牲自己的一部分尊严，让斯坦东担任陆军部长。"

斯坦东任职后并未停止对林肯的谩骂，有时甚至拒绝执行林肯的命令。

一次，一位官员带着林肯的命令去给他下指示，结果斯坦东拍桌大骂道："谁下的这种命令，他就是十足的笨蛋！"官员原本以为斯坦东会被撤职，可林肯听了他的话后却说："既然他认为命令是错的，肯定就是错的，因为他在一线，了解情况。而且斯坦东的判断经常是正确的。"

斯坦东听说了这件事后十分感动，马上到林肯跟前道歉。

这个例子里，林肯正是以自己的小忍获得了斯坦东的尊重，不但令其收回了对自己的侮辱言论，更是赢得了一位得力属下的支持。

聪明人在面对反对意见时，会懂得如何合理地作出让步，既不过分损害自身的利益，又能掌握主动权。在小处让步，让对方的"自尊心"得到满足，我们则能争取到大局的胜利，此为明智之举。

米开朗琪罗那举世闻名的大卫像曾经遇到这样的小插曲：当大师刚雕好大卫像的时候，主管的官员观看后表示不满意。

"有什么地方不对吗？"米开朗琪罗问。

"鼻子太大了！"官员说。

米开朗琪罗疑惑地站在雕像前看了看，大叫一声："可不是嘛！鼻子是大了一点，我马上改。"说着就拿起工具爬上架子，叮叮当当地修饰起来。

随着米开朗琪罗的凿动，掉下好多大理石粉，那官员不得不躲开。

隔了一会儿，米开朗琪罗修好了，爬下架子，请那位官员再去检查。官员看完连连称赞，满意地离开了。

米开朗琪罗真的那么轻易地修改了自己耗时4年的伟大作品吗？当然不可能！为了满足官员小小的"自尊"，他只是偷偷抓了一小块大理石和一把石粉，在官员面前做做样子罢了，从头到尾他都没有改过自己已经满意的作品。

在与人交往的时候，聪明人会着眼大局，懂得利用小让步赢得自身的大胜利。

沉着冷静，耐心听进意见

在现实生活中，我们做任何事都可能听到来自不同方面的声音，有支持的，也有反对的。前者的声音闻之悦耳，后者的言语可能犀利尖锐，但这并不能成为我们片面听取意见的理由，有时多听听反对意见也能令人受益匪浅。

《三国演义》中，关羽仗着自己的快马，连续偷袭袁绍手下名将颜良、文丑，成事后声名大噪，然而成名后的关羽自负傲慢、刚愎自用。

关羽守卫荆州之时，吕蒙称病，让东吴书生陆逊暂代自己的都督职位。关羽对此人颇为不屑，不但没有亲自守城，还把荆州的守兵抽出攻打樊城。

关羽的副将司马王甫、赵累都认为东吴必有阴谋，力劝关羽不要轻易撤走荆州的守兵。然而关羽却臆断东吴胆怯，不敢有所作为，放心大胆地撤走了荆州的兵力，其结果就是众所周知的“大意失荆州”的典故了。最后他也只能对司马王甫叹道：“悔不听足下之言，今日果有此事！”

经过痛失荆州的事件，关羽仍未吸取教训。困守麦城时，关羽决定弃城去西川。然而在选择道路时，他不听司马王甫的劝告，一意孤行地走了小路，结果为东吴擒获，父子皆被杀害。就这样，一代大将不但英明尽失，还落了个身首异处的下场。

关羽的溃败与他的不听劝和自大轻敌是分不开的。白居易在《与元九书》中说，“闻‘五子洛汭之歌’，则知夏政荒矣。言者无罪，闻者足戒，言者闻

者莫不两尽其心焉。”也就是说，一个人要想不断修正自己的缺点，就要多听取别人的意见。因为，无论一个人有多么优秀，他的智慧也是有限的，只有能够集众之所长者，才是成功的决策者。

英格拉姆计算机批发公司是美国100家最受欢迎的公司之一，据说其董事长有一个专用的24小时畅通的800免费电话，欢迎员工随时与他交流。

英国大出版家诺斯克利夫爵士不但在办公室，即使伦敦的家里也设立了能接听员工来电的固定电话，并且会优先处理下属信件，以便能及时反馈。

海尔的员工都有一张“合理化建议卡”，无论是对制度、管理、工作还是生活，任何方面都可以提出建议。如果建议被采纳，会得到奖励；即使不适用的建议，公司也会给予积极的回应。

有记者问三峡大坝的总设计师：“谁是对三峡贡献最大的人？”总设计师答：“是那些反对建设三峡大坝的人。”记者很困惑地问为什么。总设计师答：“如果没有他们提出反对意见，三峡大坝的设计就不会那么完善，将来就可能出大问题。”

生活中也时常这样，当我们以为对一件事的考量已经万全时，可能别人的一句话或一个提醒就能让我们恍然大悟、茅塞顿开。

日本企业家堤义明说：“如果全体一致同意，事情就不妙了。全体一致的主张，时常有毛病。”其父亲堤康次郎也说：“全体领导赞成之日，早已时过境迁；全体领导反对之时，正表明尚不为人所知。”当我们面对他人的反对意见时，不要一意孤行、我行我素，耐心听完他人的意见，未必没有启示。

当然，广收言论并不是说面对反对意见我们一定要采纳，一个有涵养、有德才的人是懂得如何集百家之言的。能够认真倾听他人的反对意见，也是自身修养的表现。

纽约电气事业的“沙皇”菲德舒兹是这样处理劳工纠纷的：他会召集争执

不休的双方，让他们各自说出不满，且从不加以干涉。在倾听他们争论的过程中，他也有了裁决。可是，无论采用哪种处理方式，他都是先让员工把不满讲完，然后再说出自己的决定。这时员工们也因为已经跟上司抱怨了一通而变得更容易接受仲裁的结果了。

从这个例子中我们注意到，有些时候人们大肆抱怨和表示反对，并非真的不认同到什么地步，他们可能只是需要一个发泄渠道和一个好的倾听者，以证明他们是被关注和尊重的。一个公司在接到员工的反对意见时，如果不能合理过滤，而是全数接受，那无疑会让事情变得更复杂。员工在获得向上司表达不满的机会时，其被夸大的愤怒往往能平息不少。

美国销售之父约翰·帕特森说："我总是喜欢让他人先把他们的反对意见说出来。"当然，这不意味着他一定会按对方的意思去做，关于处理问题的方法，他是视情况而定的。可见，当反对意见来袭时，聪明人永远知道，倾听是正确应对抗议之声的第一步。

不必正面争辩，尝试侧面劝服

卡耐基在《人性的弱点》一书中曾说："与人争辩无赢家。"《古兰经》中也说："人们得正道之后，再不会迷路，唯有出现无益的争辩时。"

人生在世，与人意见不合的时候非常多，此时难免会出现人们在语言上一较高下的情况。然而，争论的双方往往不能在争论局势激烈时理智地把握自己的言行，由此，尖酸辛辣的语言、粗鲁叫嚣的举止就很容易不受控制地出现了，它们非但不能起到说服对方的作用，反而会将"战局"激化，既伤害了对方，也令自己歉意倍生，而问题也没有得到有效的解决。因此，当我们面对反

面建议时，明智的选择应当是避免争辩，以柔克刚。

春秋末期的郑国，国小兵弱，在各大国的夹势中岌岌可危。宰相子产主张新政，发起变革。他提倡振兴农业，兴修农事，同时征新税，以供加强军事。

新税征收伊始，朝中反对声众，民间更是怨声载道，甚至有人扬言要杀死子产。可子产毫不理会，也不多作解释，只说："国家利益为重，必要时自然要牺牲个人利益，服从国家利益。我听说做事应当有始有终，不能虎头蛇尾。有善始而无善终，那样必然一事无成，所以，我必须将这件事做完。"

有人在子产设立的乡校进行政治活动，担心会影响统治的人建议取缔乡校。子产说："这是没有必要的，百姓劳累一天，到乡校中发发牢骚，评谈政治很正常。我们可以作为参照，择善而从，见证得失；若强行压制，岂不如以土塞川，或许暂时能住水流，但必将招来更猛的洪水激流，冲决堤坝。那时，恐怕就无力回天了。若慢慢疏导，引水入渠，分流而治，岂不更好？"

于是，随着农业振兴，广开言路，国民切实体会到子产新政的好处，一时间赞扬声不止。

面对众人的怀疑和反对，子产正是采取了以柔克刚的策略，才使民怨得到了有效的控制，并用事实证明了自己是正确的。后来，郑国天下大和，国运昌隆。

真正的聪明人，懂得关键时刻施以逶迤，不盲目自信、以硬碰硬。利用以柔克刚的做法，无异于将巨石投在棉花上，遂令冲击力骤减，避免了两败俱伤。

伊斯兰教教义学家艾布·哈尼法禁止自己的儿子与人辩论。其子问："父亲啊，你自己讲论这门学问，为何又禁止我呢？"艾布答："我的辩论与你们的辩论不一样。我同别人辩论时特别谨慎，就像有一只鸟落在头上，我害怕它飞走似的。现在人们的辩论是欲运用证据扳倒对方。谁若以此而辩论，就意味着判对方为逆徒。谁意欲这样，谁就已先于对方成为逆徒了。”

艾布的话警示我们，对一般人而言，在言语的争辩中很难实事求是、适可而止。人人都喜欢论个理，并企图在这方面压倒对方，但是争论的尺度其实很不好拿捏，当人们在追求真理的过程中激烈地争辩时，往往容易口出恶言，就算取得了表面上的胜利，实际上对方的心里也是依然不服的。因此，在争辩中，是没有真正的胜利者的。正确的做法应当是：避免争论，宁可让对方觉得自己胜利了，也不作无意义的口舌之争。

《孙子兵法》“军事篇”中有“以迂为直”的策略，意思是：看似最漫长的道路，有时恰是达到目的最短的路途。以迂为直，必然要以柔克刚。避免争端，看似是让步，实则是争取时间作更充分的准备，让事实来证明一切。当年列宁不惜同德国签订屈辱的《布列斯特和约》，割地赔款，忍一时之痛，才拯救了苏维埃政权列宁即是采用迂回之法，不拿鸡蛋去碰石头。

心理学家说，在争辩的过程中，如果其中一方发言比较有挑衅性或者说话很生硬，极易引起对方的还击，特别是谈到敏感话题的时候。但是如果其中一方可以保持宽容的态度，则不必通过争吵解决问题。要记住，争辩并不是明智的解决问题的方法。

这里我们要强调，争辩与讨论是不同的。在氛围紧张的情况下，争辩易诱发恶毒、辛辣的激烈言辞，是主观性地强调自我主张，并试图让对方屈服。即使对方最后表示认输，也并非心甘情愿。而讨论则是在双方心平气和的情况下，就某个问题进行分析，最终大家心悦诚服地达成共识，其本质还是以柔克刚。

明武宗朱厚照南巡，提督江彬率领西北地区的壮汉随行护驾。兵部尚书乔宇看出其有谋反之心，却并未挑明，而是从江南挑选了100多个矮小精悍的武林高手随行。

乔宇提议，让这批江南拳师与西北壮汉比武。江彬自负傲慢地答应了，却不料屡战屡败，一时间颓然沮丧，谋权篡位的心思也被击退了。

上面的例子中，乔宇用的就是以柔克刚的方法。假想一下，倘若一开始乔宇就将事情挑明、做大，难保不会激怒江彬，逼其作殊死抵抗，困兽尚且可怕，更何况是有备而来的预谋弑君之人呢？

诗人兰德写道："我与谁都不争，与谁争我都不屑。"避免争辩是种气度，它并非是指要一味地退缩忍让，而是一种发自内心的自信和涵养。为避免争辩，倘若讨论无果，则宁可退让，让对方以为胜利，最后让事实逻辑来证明自己的正确。当然，若能采用以柔克刚的迂回方法令对方认可，则是上上之策。

让对方主动赞同自己观点

成功学家戴尔·卡耐基曾经说过，人是不可能被说服的，天下只有一种方法可以让任何人去做任何事，那就是他自己想去做这件事。也就是说，假如我们想要一个人主动去做某件事，则必然要让他认为这件事是对的，这件事是在他自身肯定的基础上才去做的。

没有人乐意接受被强加的选择，哪怕是额外的赠予，他也得确定自己是否心甘情愿。换句话说，人人都想要主动权。要让对方同意你的观点，就必须让他们觉得自己处于主动地位，让他们主动说"是"。

有个年轻人走进格林尼治储蓄银行，他要开个户头。在这里工作的詹姆斯·艾伯森递给他几份表格让其填写，但对方断然拒绝填写某些方面的资料。

艾伯森并没有选择告诉对方，假如不填写一份完整的个人资料，银行是很难给他开号的，而是说：“是的，你所拒绝回答的资料其实并不是非写不可的。”

“可是，假定你碰到意外，是不是愿意银行把钱转给你所指定的亲人？”艾伯森接着问。

“是的，当然愿意。”年轻人答道。

面对态度已经缓和的年轻人，艾伯森这才告诉他，这些资料并非仅为银行而留，而是为了他个人的利益。

最后，年轻人不仅填写了所有资料，还在艾伯森的建议下，开了一个信托账户，指定自己的母亲为法定受益人。当然，这位年轻人还填写了所有他母亲的有关资料。

艾伯森在顾客拒绝合作时，并没有直言这是银行的政策规定，而是从对方的立场出发，告诉他这样做的好处，令对方说“是”，从而挽回了一个差点失去的顾客。对方以为是自己临时改变了想法，实际上处于主动地位的恰恰是诱使其改变想法的艾伯森。

奥福斯特在《有影响的人类行为》中说：“我们得到他人越多的‘是’，我们就越能为自己的意见争取主动权。”对方对我们说“是”，正是我们逐渐接近他的信号，这说明我们的建议正是他想要的。说“是”的另一层意义，就是让对方无法给出否定的回答。

某市一家大电器厂招工，中专生小陈前去应聘，并表示任何工作都愿意干。人事部主管见他身材矮小，学历又低，推托道：“我们现在不缺人，过一个月再说吧！”

没想一月后，小陈真的又来了，主管继续推托此事。过了几天小陈再去找他，就这样反复几次，主管吃不消了，便说：“你这一幅衣衫不整的样子，怎么可以进厂呢？”听罢小陈就去借钱买了身新衣服，好好整理了一番，又

去了。

主管很无奈，就说："你不懂电器知识怎么行？"不想两个月后，小陈又来了，并说："我已经学了两个月的电器相关知识，你看我哪些方面还不够？我一定认认真真补！"

这下小陈的执拗劲儿终于起作用了，主管不得不投降地说："我做了几十年的招聘工作，头一回碰到像你这样来找工作的，我真佩服你有这样好的耐心与韧性。"

小陈终于凭借其"精诚所至，金石为开"的劲头儿得到了渴望已久的工作。

故事中的小陈将主管的推托之词反作用于主管，成功获得了主动权。他在面对质疑和拒绝的时候，并没有强词夺理，急于毛遂自荐，而是按照主管的要求一点点地提高自己。他顺着对方的意思，给他想要的，虽然最初得到的是拒绝的答案，后来却令对方说不出否定的话来。

心理学上说，当一个人说出"不"时，他的意念会使所有的内部器官都集合起来，呈现一种"拒绝"的状态；而反过来，当他回答"是"的时候，体内那些器官，没有收缩动作的产生，组织处于前进、接受、开放的状态。所以，在一次谈话中，如果能够诱导对方说出更多的"是"，那我们就把握了主动权，我们之后的建议和意见，也比较容易获得对方的认同。

某个被单独监禁的犯人，通过铁门上的小窗口，看到无聊的守卫正独自抽着万宝路香烟，他忽然也很想要一根。

于是，他用手指关节客气地敲了敲门。

守卫慢慢地走过来，傲慢地哼道："想要什么？"

囚犯回答说："对不起，请给我一支烟……就是你抽的那种——万宝路。"

守卫嘲弄地哼了一声，转身走开了。

囚犯并没有放弃自己的欲望，他又用指关节敲了敲门。

守卫恼怒地扭头问道："你又想要什么？"

囚犯严肃地说："对不起，请你在30秒之内把你的烟给我一支。否则，我就用头撞这混凝土墙，直到弄得自己血肉模糊，失去知觉为止。如果监狱当局把我从地板上弄起来，让我醒过来，我就发誓说这是你干的。当然，他们绝不会相信我。但是，想一想你必须出席每一次听证会，你必须向每一个听证委员证明你自己是无辜的；想一想你必须填写一式三份的报告；想一想你将卷入的事件吧——所有这些都只是因为你拒绝给我一支劣质的万宝路！就一支烟，我保证不再给你添麻烦了。"

结果守卫乖乖地给了囚犯一支烟，并为他点燃了。

作为被看管的犯人，囚犯处于被动的位置上，可他并没有固执地强调一个囚犯也拥有抽烟的权利，他只是站在守卫的立场，替他分析这种拒绝可能带给他的麻烦，迅速化被动为主动。即使所有人都知道囚犯在说谎，可麻烦的听证程序还是令守卫妥协了。

在以上囚犯和守卫的故事中，也许囚犯的论述没有达到我们前面多次强调的、令对方心甘情愿地说"是"的程度，可是我们要认识到，在某些特殊境况中，倘若不能令对方心悦诚服地接受，那么取得主动权也能达到让其收回反对意见的目的。

借力打力，用对方的观点回击对方

我们时常在武侠小说中看到"乾坤大挪移""以彼之道，还施彼身"等诸

如此类的武功，其实它们的本质都是太极拳中借力使力的招数。借力使力，即非主动出击，而是以反作用力使进攻者受挫，真正的太极拳是永远不会主动攻击的。

把这个概念应用到现实生活中，就是当我们在面对攻击和反对意见时，可以换位思考，借助对方的观点来说服对方。

在某个关于“为何在校生近视眼发病率高”的辩论中，医生甲认为主要是用眼不卫生引起的，医生乙则认为其根本原因是教育问题。

甲：“近视眼大多是由于看书时间过长、看书姿势不正确等用眼不卫生引起的，自然是个卫生问题。”

乙：“你想过没有，如果学生压力不重，学生会长时间看书吗？”

甲：“也会呀，他们也许会长时间看课外书。”

乙：“既然这样，学校又为什么不加强用眼卫生教育呢？”

甲：“可能教育了没起作用嘛！”

乙：“教育居然不起作用，这难道还不是一个教育问题吗？”

在这场辩论中，我们看到，医生乙正是巧妙地利用了医生甲的观点来令其哑口无言的。既然教育不起作用，那首先还是教育问题，其次才是卫生问题。

《孙子·谋攻篇》有云：“知彼知己，百战不殆。”通过换位思考，站在对方的角度，巧妙地借力使力，将对方的观点融入自己的观点之中，能够令其心服口服。

《晏子春秋》里有这样一个故事：

齐景公喜欢射鸟，派烛邹管鸟，然而烛邹办事不力，鸟飞走了。齐王大怒，欲昭告官吏杀掉烛邹。晏子说：“烛邹的罪有三条，我请求列出他的罪过再杀掉他。”

齐王同意了。于是晏子当着齐王的面对烛邹说："烛邹，你有三条罪：一罪，你为国君掌管鸟而令其丢失；二罪，使国君因为丢鸟的事情而杀人；三罪，使诸侯们知道了这件事，以为我们的国君重视鸟而轻视士人。"说完，晏子请求齐王下旨杀烛邹。这时，齐王却摇头了，说："不要杀了，我明白你的意思了！"

以上例子中，虽然晏子不赞同齐王为鸟杀人的举动，可他没有直接表示反对，反而是顺着齐王的意思，认为烛邹有罪，最终借用齐王"烛邹该杀"的观点，不费吹灰之力地让其意识到自己的错误，收回了旨意。

上一节中，我们强调要避免争辩，因为争辩是一种以硬碰硬的、容易两败俱伤的做法，这里所说的"用对方的观点说服对方"也不是争辩，而是一种巧力。它柔和而不带侵犯性，表现出来的是赞同对方观点之后得出的结论，令对方自相矛盾，不得不服。

用对方的观点来说服对方，往往能成功，从潜在心理学来看，有两个原因：其一，人们往往只有在自身意见被压抑时，才能发现自己真实的想法，从而反过来相信对方；其二，虽然是被对方诱导出来的结果，可主观上仍相信这是自己深层的意思，改变想法也变得自然而然。

德国著名抒情诗人海涅是犹太人，一次他遇见了一个旅行家，旅行家向他描述了一个小岛。

他说："你猜猜看，在这个小岛上有什么现象使我感到好奇？"

"什么现象？"海涅问。

旅行家诡秘地笑说："在这个小岛上竟然没有犹太人和驴子！"

海涅立刻明白了旅行家把犹太人和驴子类比的意图，他镇定地说："如果真是那样，那么，我和你到小岛上走一趟，就可以弥补这个缺憾了！"

这个故事里，面对旅行家的羞辱，海涅并没有恼羞成怒，而是借力使力，顺着旅行家的意思往下说，最终令其搬起石头砸了自己的脚。

《红楼梦》中有言：“好风凭借力，送我上青云。”说的就是凭借外界的力量来达到自己的目的，此时更有利于事情的解决。当我们面对反对意见时，一味地说服和争辩都是不可取的，能够借力打力地化力于无形才是聪明人的选择。

一次，一位女议员对丘吉尔说：“如果我是你的妻子，我就会在你的咖啡里放上毒药。”丘吉尔回答：“如果我是你的丈夫，我就把它喝下去。” 丘吉尔机智地利用了女议员的不善言辞，令对方哑口无言。

借力使力，必然要找准对方的软肋，然后由此入手，把对方也绕到这个破绽上来。具体做法是：倘若他们认为自己正确，那我们就先承认他们是正确的，并依此发问，最终令其自食其果。

学会试探，准确摸清对方的心脉

例一：一位男导演成名前，追求过一位女影星，但是遭到了拒绝。这位导演成名后，所导演的几部影片中的女主角都和他追求过的那位女影星很相像。

于是有娱乐记者抓住这个问题问导演：“为什么您所选择的女主角都有一张相似的脸？”导演一本正经地解释道：“因为这种脸型最容易上镜。”

例二：一位西方记者挑衅性地对我国代表说：“如果你们不向美国保证不用武力解决台湾问题，那么显然就没有和平解决的诚意。”我国代表义正词严地回答：“台湾问题是中国的内政，采取什么方式解决是中国人民自己的事，无须向他国作什么保证。请问：难道你们竞选总统也需要向我们作出什么保证吗？”

以上两个都是有力驳斥对方敌意问话的例子，例一中的导演自然知道对方真正想问的是什么，但他选择了从另一个角度来回答对方，既显得专业、客观，也体现了他的机智；例二中，面对西方记者的挑衅问题，我国代表拒绝给予正面回答，而是用一句反问，让对方哑口无言。例子中的二人都是及时察觉了对方的意图，机敏睿智地作了回应，才没令事情向着不利于自己的方向发展。

现实生活中，当我们面对那些不利于自己的言辞和诋毁时，假如能准确摸清对方的心脉，及时采取应对措施，有利于化被动为主动，让对方遭遇意想不到的挫折。

美国前总统肯尼迪在竞选美国参议员的时候曾陷入困境，他的竞选对手在最关键的时刻抓到了他的一个把柄：肯尼迪在学生时代，曾因欺骗而被哈佛大学退学。这类事件在政治上的威力是巨大的，它关系到肯尼迪作为一个国家议员的道德问题，对方只要能充分利用这个证据，肯尼迪的正直、诚实、信誉等品质将受到质疑，这无疑将给他的政治前途蒙上一层阴影。

肯尼迪自然知道对方是想让他成为一个人民面前的欺骗者，他的诚信度受到了威胁，于是肯尼迪很爽快地承认了自己的确曾犯了一项很严重的错误，他说：“我对于自己曾经做过的事情感到很抱歉。我是错的。我没有什么可以辩驳的余地。”

面对这件事，肯尼迪并没有极力否认，澄清自己，反而非常惭愧地向美国人民承认自己曾经犯过的错误，等于是说：那已是过去的事了，你们看现在的我，已经是个勇敢面对自己过去的诚实者，我对所有人都是坦诚的。

这下，肯尼迪不但赢得了人民的理解和同情，还让对手偷鸡不成蚀把米，意外地帮了他一把。

在这个例子里，肯尼迪被对手挖掘出的事打得措手不及，然而他通过准确

分析，得知了对方的意图，于是顺水推舟，重新占据主动地位。

我们可以看出，要想准确识别对方的意图，对症下药，就必须站在对方的立场考虑其目的和下一步可能的方向，聪明人永远不会让自己处于被动挨打的地位。

律师A为一个有杀妻嫌疑的人辩护，被告曾向原告律师B提出过离婚帮助，因此B推测被告是因为离婚未遂而有了杀妻之心。那么律师A是怎样为被告辩护的呢？

A：您知道，我对离婚的案子是外行，您是不是为了那些离婚的案子而非常忙碌呢？

B：我可是处理离婚案的权威，每年要我处理的案子至少200起。

A：一年200起，光那些文件都够您忙的了。

B：……可是，其中有些人，因为这样那样的原因而改变了主意。

A：那就是有重归于好的可能了，这个比例有10%吗？

B：事实上要更高一点。

A：那是多少呢？11%还是12%？

B：接近40%。

A：您是说去找您离婚的人中最后有近一半都决定不离了？

B很无奈：是。

A继续问：他们不会是对你的能力有所怀疑吧？

B马上否认道：当然不是，他们常常一时冲动跑来离婚，可真的到那一刻的时候，又往往……

A很满意地转身对法官说：法官大人，您也听到了，原告律师说有近一半的人是一时冲动跑去离婚的，那谁又能说被告不是这样呢？

最后律师A赢了官司。

律师A正是摸清了律师B试图以被告离婚未遂为由，认定被告有重大杀妻嫌疑，于是律师A顺着律师B的意思，以“离婚”话题为突破口，让律师B亲口证实自己的观点是片面和偏颇的。

汽车大王亨利·福特说：“从我和他人的很多经验中可以看出，那个所谓的成功策略就是：从他人的角度去考虑问题，用‘推己及人’的思维去看待各种事物。”在人际交往中，难免会出现与人意见相左的时候，此时要想说服对方，就要看透对方的心思，知道对方想做什么，接下来可能采取什么行动，这样才能对症下药，及时抓住主动权，让对方对你无能为力，只好束手就擒。

果断出击，毫不犹豫

法国社会心理学家托利得的托利得理论认为：测验一个人的智力是否属于上乘，只要看他脑子里能否同时容纳两种相反的思想，而无碍于其处世行事。

换言之，一个有所成者必是有坚定的原则和立场的人，他可以听取和采纳他人的意见和建议，但对自我主张一定不会轻易放弃，聪明人懂得如何在自我和外界的声音之间取得平衡。

亚洲第一女首富龚如心，是个出了名果断、坚定、雷厉风行的女人。投资英国切尔斯菲尔德房地产公司的时候，她看到机会，立马行动；中央政府开放大陆公民赴港个人游之前，她预瞻到酒店业的前景，就迅速大力投资酒店业；1994年，她宣布要在荃湾杨屋道投资100亿元，兴建高518米、108层的如心广场时，几乎所有人都认为这是个近乎疯狂的做法，可龚如心有自己的逻辑，荃湾虽然地处偏僻，但一旦在这里建起“世界最高的大楼”之后，必定会引起广

泛关注，带动荃湾的经济。虽然最后因为影响飞机航道等问题，“世界最高的大楼”没能建起来，可将地盘一分为二建起的纯酒店和商业酒店的两用大厦，依然证明当初龚如心的大胆、果敢、排除众议的决策有多么正确。

一个成功的企业家，必然是能在众人的争辩声中找到最好的处理方式的人，他们自信、决断、拒绝人云亦云，在众人的喧哗争吵声中早已明确了自己的想法和决策，他们做自己认为正确的事，绝不轻易妥协。

这里我们也要注意到，果断坚定并非刚愎自用，自信者与自负者之间也只有一线之隔。面对反对意见，我们要懂得如何审时度势，客观分析，绝对不自以为是，否则必将招致败北的结局。

东晋十六国时期，前秦世祖苻坚自恃强盛，决定灭掉东晋。他召集群臣，提出要亲率百万大军一举灭晋。臣僚多不赞成，有的还极力谏阻，但他执意不从。

自下诏进攻，苻坚先后率80万大军去攻打晋国。晋国派大将谢石、谢玄领8万兵马迎战。兵力悬殊如此之大，苻坚就更加不把晋军放在眼里了，傲慢非常。在他看来，灭晋之事，小菜一碟。

可谁想，先锋部队不幸战败，苻坚自乱阵脚。他连夜去前线视察，见晋军阵容严整、士气高昂，连晋军驻扎之地八公山上的草木都似兵士，这下苻坚更慌了。

接着，淝水决战，秦军被彻底击溃，损失惨重，苻坚受伤，仓皇逃跑间，连风声鸟声都以为是敌军到来。这就是成语“风声鹤唳”“草木皆兵”的由来。“淝水之战”也是我国古代著名的以少胜多的战役。

苻坚的失败与他自身的自大轻敌是分不开的，他认不清形势，一意孤行，贸然进攻，败得一塌糊涂也是必然。

一个好的决策者懂得：在异中求同，综合多方意见，绝不固执；即便最后力排众议，也必定是因为心里已有了明确的打算和计划，绝不会单凭一腔热血肆意而动。

商鞅变法之时，为了保证变法的顺利进行，坚定变法的信念，商鞅向秦孝公反复强调，不能疑惑，不能讨论，即所谓“疑行无名，疑事无功”。在商鞅看来，尤其不能让下层老百姓参与关于变法的决策，他坚持“论至德者不和于俗，成大功者不谋于众”的想法。

尽管朝中有大臣甘龙、杜挚同商鞅争论，但是，这些争论对商鞅和孝公而言皆不具有讨论意义。最后，孝公一声令下，封死了反对者的口，开始推行变法。

商鞅变法确实起到了强国作用，秦国也在其后崛起。然而，我们应当注意到，商鞅力推变法是可取的，可他不应力谏孝公完全视众议于不顾；秦国是得到了发展，可他自己最终被五马分尸而死，不得善终。

一个人做事果断坚定固然好，可在“该出手”之前，也要处理好各方的关系，理清形势，否则必然会给决策的后续带来隐忧。我们强调，果断但不臆断。

在不断求新求变的呼声里，1985年4月23日，可口可乐公司宣布改变他们已经使用了99年之久的秘密配方，推出新配方制成的可乐。然而，新可乐一经推出，那些曾经要求变革的声音消失了，更广大的传统可口可乐的支持者站了出来，指责可口可乐不尊重老顾客的做法，其销量一落千丈。

最后，可口可乐不得不沿用老配方，新配方计划在蒙受了重大损失之后以失败而告终，《纽约时报》将可口可乐更改配方的决策称为美国商界一百年来最重大的失误之一。

在可口可乐的例子中，该公司力排众议，坚决推出新配方，在于其仅凭片面的调查而盲目地预测了新配方的前景，它忽视了占大多数的老顾客的意见，

臆断了市场，最终导致了计划的失败。

因此，当我们在面对多方意见时，一定要搞清自己的真实想法，不盲从臆断，也不畏首畏尾。智者知道如何在坚持主张的同时做到异中求同，争取利益的最大化。

第9章　化敌为友：和对手成为朋友，让其为我所用

所谓人不犯我，我不犯人。那么，人若犯我，我是否一定要犯人呢？众所周知，处世之道，当以和为贵。与人积怨，并非是“打一巴掌给个枣”就能解决的事情。为避免仇恨带来的连锁负反应，最好的方法就是不要结仇，而将仇恨的种子扼杀在襁褓之中，甚至不惜以德报怨，以此消解对方的敌意。可是，对方的仇恨是说消就能消的吗？当然不是！但若学会必要的心理策略，解决这个问题就易如反掌了。

委婉表达，不伤对方自尊

美国心理学家马斯洛的需要层次理论，将人的需要分为五个层次，其中尊重的需要属于人的高级需要范畴，包括自尊、自重、被别人尊重的需要，具体表现为希望获得实力、成就、独立和自主，渴望得到他人的赏识和高度评价。也就是说，人皆有维护自尊的基本需要。

生活中，我们总免不了有跟人意见不合，需要表示拒绝或指出别人错误的时候，如果这时直言不讳地加以指责，必定会令对方不舒服，也会伤害到他的自尊。因此，我们不妨采用委婉的表达方式，这样不但尊重了他人，也消除了令对方产生敌意的可能。

《战国策·魏策四》里记载了这样一个故事：

战国后期，一度称雄天下的魏国国力渐衰，可是国君魏安厘王仍想出兵攻伐赵国。谋臣季梁本已奉命出使邻邦，听到这个消息，立刻半途折回，风尘仆

仆赶来求见安厘王，劝阻其伐赵。

季梁对魏王说：“今天我在来此的路上，遇见一个人坐车朝北而行，那人告诉我他要去楚国。我问他：‘楚国在南方，为什么要朝北走？’那人说：‘不要紧，我的马好，跑得快。’我提醒他：‘马好也不顶用，朝北不是到楚国该走的方向。’那人说：‘我的路费多着呢。’我又跟他说：‘路费多也无济于事，这样是到不了楚国的。’那人还是说：‘不要紧，我的马夫很会赶车。’诚然他具备了所有条件，可他犯了方向性的错误。楚在南，他却向北，因此，他的条件越好，离楚国的距离就越远。而今，大王此番的目的是想要成就霸业，欲在天下取得威信。但是赵国并不弱小，若进攻不利，反而会削弱魏国，这样就离建立王业越来越远了啊！这不就和那个欲去楚国，却偏往北走的人一样了吗？”

魏王听完，若有所悟，这才放弃了伐赵的想法。这也是成语“南辕北辙”的由来。

季梁为了说服魏王，现身说法，讲述了自己的亲身经历，让魏王意识到自己的行动是与目的背道而驰的，其结果有害无利，终令魏王断了伐赵的念头。我们看到，季梁在整个劝谏的过程都未吐出任何带有指责和批驳的言语，而是以说故事为名，行了讲道理之实，让魏王自知此行不智，主动收回了成命。

试想，假如季梁不是采取迂回委婉的方法，而是义正词严、苦口婆心，一副为王堪忧、为国冒死进谏的样子，魏王还能那么轻易地接受他的建议吗？想必那时他离以下犯上、罪大当诛就不远了吧！

常言道：“金无足赤，人无完人。”是人都会犯错误，所以，我们在与人共事时，绝不能揭人短处，置他人面子和自尊于不顾。只有尊重他人，才能既不造成对方反感，又令其接受你的建议和批评，达到双赢的效果。

著名作家、翻译家梁实秋，晚年很喜欢到一家名叫“渔家庄”的饭店用餐。因为这里不仅饭菜物美价廉，海鲜烧得极好，而且主人做事殷勤，服务员也体贴周到。

一次，梁实秋的幼女文蔷自美返台，他们便邀了亲朋去“渔家庄”欢宴。然而，酒菜上桌多时，唯有白米饭久等不来。几番催促之后，仍不见米饭的踪影。梁实秋无奈，趁服务员上菜之际，开玩笑地问道：“怎么饭还不来？是不是稻子还没收割？”

服务员马上明白了梁实秋的意思，顺着答道：“还没插秧呢！”

一个原本可能会令双方都不愉快的场面，经服务员的妙语，举座齐乐。当然，服务员也迅速地把米饭送了上来，并表示了歉意。

以上是两个聪明人的对话，在这个故事里，梁实秋并没有指责服务员招待不周，让客人久等，而是以一句“是不是稻子还没收割”幽默婉转地表明了自己的意思，而服务员也懂得顺势而下，回以妙答，博得顾客一笑，化解了对方的不满。

中国有句古话：“成人之美，不送人之恶。”委婉含蓄，不送人激烈言辞，它是一种艺术和修养，既能帮助我们避免为难，维护对方的自尊，又能巧妙地表达本意。

林肯曾经对天天送到白宫办公桌上的那些冗长的、复杂的官式报告感到非常厌倦，他对下属说：“当我派一个人出去买马的时候，我并不希望这个人告诉我这匹马的尾巴有多少根。我只希望知道它的特点在哪里就可以了。”

林肯以委婉的语言令众人意识到报告的问题所在，并向他们传递出总统先生对此已有些不满的信息，促使他们改进。

我们都知道，人的心理是极其微妙的，其中自尊心往往起着重要的控制作用，触及它，就有可能产生不愉快。因此，对一些只可意会不可言传的事情、人们回避忌讳的事情、可能引起对方不快的事情，不能直言陈述，只能采取委

婉、含蓄的方式去表达。

公元前613年，楚庄王熊旅继位，当时朝政由斗克和公子燮把持，庄王做着傀儡君王。在即位的头三年里，庄王日夜饮酒作乐，不思朝政，并下令：劝谏者死。眼看朝廷政事混乱不堪，国势日益衰微，大臣成公贾冒死觐见。

庄王怒道：“你难道不知我禁止劝谏的命令吗？”

成公贾故作惊惶，答曰：“大王之令我岂会不知？我是来出谜语为大王助兴的。”

庄王一听，起了玩心，说：“你说说看吧。”

成公贾说：“南山上有一只大鸟，三年里站在大树上不飞不动也不叫，不知道这是什么鸟。”

庄王沉思了一会儿，道：“三年不飞，一飞冲天；三年不鸣，一鸣惊人。这是只不同凡俗的鸟。你的意思我懂了！”

自此后，庄王一改往日颓靡之态，亲理朝政，拔贤能、除奸佞，遂令国势蒸蒸日上。

成公贾在明明已经触怒君颜的情况下，以“出谜语”为由平息圣怒，引出委婉之言，令庄王主动接受了自己的劝谏，既维护了庄王的自尊，又表达了自己的意思，更重要的是，还保住了脑袋。

诚然，一个直来直去、敢说敢做的人也是有魅力的，因为他不喜欢藏着掖着，如魏征直谏太宗，被尊为“明镜”。然而，我们也应当意识到，偌大贞观朝堂，也只得魏征一人敢多次如此，其他人又如何呢？

即便一个人再豁达，批判的话语听多了也会恼羞成怒，更何况在崇尚人人平等的现代社会，人们对被尊重的需求更甚，我们稍不留意，可能就会触犯他人自尊。因此，我们要采取委婉的方式表达否定的言辞，绝对不要率性直白，这是说话的艺术，也是做人的智慧。

放低姿态，巧妙示弱改善关系

示弱并非怯懦、逃避、任人宰割，相反，示弱既是种策略，也是种修养。老子有云："故贵以贱为本，高以下为基。是以侯王自称孤、寡、仆。此其以贱为本耶，非乎？"意思是说：贱是贵的根本，下是高的基础。因此侯王自称孤、寡、仆，以示谦下，这不是以贱为本吗？所以说，聪明人懂得暴露自己的缺点，宁做温润淡雅的璞玉，也不做炫目耀眼的钻石。

"美国之父"富兰克林，将他的成功都归结于一次年轻时的拜访。当时一位长辈请他到一座低矮的小茅屋中见面，富兰克林来了，他挺起胸膛，大步流星，一进门，"砰"的一声，额头重重地撞在门框上，顿时肿了起来。那位长辈看着他哭笑不得的样子，笑着说："很疼吧？你知道吗？这是你今天最大的收获。一个人要想洞察世事，练达人情，就必须时刻记住低头。"

人要懂得谦卑地低头，这是富兰克林此次拜访顿悟的箴言，也成为他一生的行事准则。

俄罗斯心理学家库斯洛指出：示弱，其主旨就是自曝缺陷和弱点。富兰克林的谦卑姿态也正是示弱的表现。但示弱并非软弱、退缩、畏首畏尾，而是一种礼让和谦和，是对人事物的宽容态度。正如一位研究古代文学的学者所言："人不应该示强，而应该示弱，这才是最高的做人境界。"

我们常说"枪打出头鸟"，在竞争日益激烈的现代社会，人人都想表现自己，展现出比他人更优秀的一面，然而也应当意识到，能力表现固然重要，人际交往也是不可或缺的关键因素。在我们的社会群体中，无论是强者还是弱者，都有被人需要、被人尊重的需求，都有超越别人获得心理优越感的需求。而示弱往往可以使他人感觉到自身的重要，给人一种心理平衡，令其对示弱者表示出好感。

小张是一家公司市场营销部的老员工了，业绩一直独占鳌头，然而近几个月他的“擂主”位置被小辈小李取代了，这让他心里很不舒服，也很不服气。他自认资历比小李高，人脉比小李广，没理由会落于他之后。

好胜心严重刺激了小张，这让他做起业务来有些不管不顾了，甚至去挖小李的墙角。没多久，小张的业绩是上升了，可原本颇被同事敬重的他此时却被闲言闲语给淹没了，鄙夷的目光让他抬不起头来。季末的“员工互评”分也是出乎意料的低。

小张认真反思自己之前的行为后，懊悔不已。他一个老员工何必跟一个小辈争这种气呢？工作本身就是各凭本事嘛。现在可好，虽然搞好了业绩，却失了人心，而且不要说别人，连自己都觉得胜之不武，有什么意义呢？小张决定改变自己。

首先，他主动找到小李，非常诚挚地跟对方道了歉，坦言自己是因为感觉被小李比下去才这样的，现在发现自己还有很多不足，也认识到之前做法的不妥，并表示要向小李好好学习。面对小张忽然的低姿态，小李倒有些不好意思了。不过，小李是个直爽的年轻人，两人很快便冰释前嫌了，并且互通起自己的营销经验来。

在以后的工作中，小张和小李都把从对方那里取来的经验到了工作中，两人的关系也更加和谐了，还不时地就工作上遇到的问题互通意见和建议，两人的业绩自然也越来越好，颇得领导和同事的认可。

小张正是通过放低姿态，以虚心学习的态度重新获得了大家的肯定。由此可以看出，有的时候，坦然示弱，暴露自己的弱点比故作强大更能赢得他人的好感。

俗话说：“大树易折，弱草坚韧。”人类会本能地对表现强势的力量抱有敌意和戒备，要想避免成为众矢之的，就要学会谦和做人，以中庸的低姿态消除对方的抵触情绪，化解敌意。

大智若愚，才是真正的智慧

老子言："大智若愚，大巧若拙，大象无形，大音希声。"意思是，当一种智慧到达一个境界之后，便似有其反向的样子了。大智若愚，即最高的智慧接近于木讷，似没有智慧，接近愚钝。当一个人具有大智，必是达观大度、不拘小节、虚怀若谷的。

大智若愚在生活中常常表现为做人低调、不露锋芒、不处处显示自己的聪明，亦从不夸耀自己，却有以静制动、以暗处明、以柔克刚的智慧。

美国第九届总统威廉·亨利·哈里逊出生在一个小镇上，小时候，他因为文静害羞而被人们看作是傻子。镇上经常有人捉弄他，他们把一枚5美分的硬币和一枚1美元的硬币扔在他面前，让他任意捡一个，威廉总是捡那个5美分的，于是大家都嘲笑他。

一次，一位妇人看他很可怜，便问他说："威廉，难道你不知道1美元要比5美分值钱吗？"

"当然知道，"威廉答道，"可是，如果我捡了那个1美元的硬币，恐怕他们下次就不会扔钱让我捡了。"

有大智者，甘为愚钝、甘当弱者、低调做人，把锋芒隐藏在木讷之后，不求争先，不显山露水，关键时刻却又令人刮目相看。"满招损，谦受益"，不懂得收敛锋芒者，必定容易遭人记恨，受人排斥，无法取得别人的信任和支持。

公元前712年，郑庄公准备伐许。战前，他先在国都组织比赛，挑选先行

官。颍考叔当仁不让，几次胜于公孙子都，拔得头筹。

这年七月，庄公拜颍考叔为大将，公孙子都和瑕叔盈为副将，率军攻打许国。公孙子都本就看不起颍考叔，在先行官比赛中输给他更是怀恨在心，如今还做了颍考叔的副手，公孙子都早已妒火中烧。

伐许之战，颍考叔带兵杀敌，身先士卒，果不负众望，在进攻许国都城时，他手举大旗率先从云梯上冲上许都城头。这下公孙子都嫉妒的心再也按捺不住了，竟趁众将齐心攻城的时候，向颍考叔偷袭，一箭正中颍考叔后心。一代大将就这样连人带旗栽下了城头。

谁都无法否认颍考叔的才能，可是因为他不懂收敛，令才能外现，太过张扬地表现自己，所以让公孙子都产生了嫉妒之心，在心里埋下了仇恨的种子，最后这颗种子迅速成为毒木，颍考叔也在不经意间成了在猪笼草上漫步的蝇，瞬间被吞噬，毫无防备。

当今社会，人际关系纷繁交错，稍不留意就可能踏入他人敌意的战场，因此我们更要学会“装傻充愣”。“装傻”不是真的傻，“愣”也不是真的呆，这是懂得做人的高明之处。不炫耀自己的聪明才智、不显露精明强干，尤其在领导面前，“难得糊涂”才是避免是非纠葛的明智之举。

商纣王荒淫无道、暴虐残忍，一次作长夜之饮，昏醉不知昼夜，问左右之人，“尽不知也”，又问贤人箕子。箕子深知，“一国皆不知，而我独知之，吾其危矣。”于是亦装作昏醉，“辞以醉而不知”。

装糊涂并非真糊涂，所谓“花开一半，酒醉半边”，智者给人的愚钝之感，正是其旷达、深远的智慧所在。花开一半，不会因太过醒目而遭折；酒醉半边，似昏还醒，真真假假，又有谁知？

《红楼梦》中，薛宝钗的圆通是有目共睹的：元春省亲与众人共叙同乐之时，制一灯谜，令宝玉及众小姐去猜。黛玉、湘云一见即知，眉宇之间颇为不屑，唯宝钗对此“并无甚新奇”的谜语“口中少不得称赞，只说难猜，故意寻思”。一番“装愚守拙”之态，自是将“女子无才便是德”的贾家之训表现得十分完美。《红楼梦》中宝钗此类之举数不胜数，甚至令原本以为她“有心藏奸”的黛玉都与之交好了，难怪她得了贾府长辈的满心赞赏，最后与宝玉成了大礼。

聪明人懂得藏智露拙，它区别于真的愚，却也不是那些斤斤计较的小聪明可比的智。倘若仔细观察我们周围那些精于为人处世者，你会发现，他们都是善于收敛锋芒者，既不会让他人产生压迫和危机感，又能在关键时刻展现身手，在平凡中表现不平凡。大智若愚的精妙之处正在于此。

共同的经历能产生共同语言

心理咨询中有个专业用语，叫“共感”，是指咨询师不以外界客观的或个人主观的参照标准，而是设身处地地从来访者的参照标准去体会其内心感受，领悟其思想、观念、态度和情感，从而达到对来访者境况的准确理解。表示感同身受，往往会使那些对咨询师抱有排斥心理的来访者放下戒备，认真谈论起自身的困扰和问题。

人是感情的动物，当我们被伤害、被否定的时候，就会很难过，假如这个时候有个人表示他理解我们的感受和做法，我们往往容易对此人产生“自己人”般的亲切感，自然就会靠近他。

《红楼梦》中，宝钗做人极其圆通，起初唯黛玉与其不亲，心道其“有心藏奸”，然而两人的间隙全消也只因一件小事。

刘姥姥二进大观园，众人夜里看戏猜拳行酒令，黛玉不小心把自己从《西

厢记》和《牡丹园》中的艳词说了几句出来，谁料黛玉无意，宝钗有心。宝钗并未当众戳穿黛玉，令其难堪，而是在第二日送走刘姥姥之后，单独叫上黛玉往她的蘅芜院中来。

宝钗冷笑着说："好个千金小姐！好个不出闺门的女孩儿！满嘴说的是什么？你只实说便罢。"宝钗的义正词严令黛玉惶恐，马上告饶道："好姐姐，原是我不知道随口说的。你教给我，再不说了。"

宝钗见黛玉羞得满脸飞红，也不再追问，而是说："你当我是谁，我也是个淘气的。从小七八岁上也够个人缠的。我们家也算是个读书人家，祖父手里也爱藏书。先时人口多，姊妹弟兄都在一处，都怕看正经书。弟兄们也有爱诗的，也有爱词的，诸如这些《西厢》以及'元人百种'，无所不有。他们是偷背着我们看，我们却也偷背着他们看。后来大人知道了，打的打，骂的骂，烧的烧，才丢开了……"

短短一幕，宝钗做人之练达可见一斑。她私下找黛玉说及此事，意是会为其保密；她一番训斥，充满爱意，俨然是一心为黛玉好的宝姐姐，这必然令孤单一人的黛玉徒增了亲切感；她在黛玉承认错误后，表示自己也看过邪书，更是让黛玉有了"自己人"的感觉，自不会认为宝钗的规劝是包含私心的。自此，黛玉放下了对宝钗的成见，引其为知己。

心理学上说，当人在遇到困难时，其潜在的意识里会产生一种"喜欢自己"的心理，于是在这种"喜欢自己"的心理延长线上，对与自己相似度越高者，越有喜欢的倾向。因此，我们总是喜欢那些价值观、爱好、经历跟自己相似的人，这就是人际交往中必不可少的"共同语言"。

经典影片《与狼共舞》中，白人邓巴中尉被派去侦查印第安人，起初并不受苏族人欢迎，然而最后他却消除了苏族人的敌意，他是怎么做到的呢？

首先，他射杀了野牛，救了苏族人"笑口常开"的命；然后，他爱上了被苏族人养大的姑娘“握拳而立”，并按苏族人习俗成婚；最重要的是，他帮助苏族人打败了其对手帕尼族人，得到了苏族人的尊重；他最后甚至为了避免战火连累到苏族人，而带着妻子远走高飞。

邓巴正是通过种种“苏族式”的行动，让对方认可了他的存在，当他是“自己人”对待。正如票房奇迹《阿凡达》的主人公杰克，直到他骑上猛禽伊卡兰后，才有了成为纳威人的形式上的象征，也在如纳威人般逐渐感受身边事物的过程中，爱上了纳威人的一切，并最终被纳威人接受。

我们常说“物以类聚，人以群分”，其在现代汉语的表达中多含贬义，然而就其字面意思而言，说的却是一种很普遍的现象。人是社会性动物，偏好选择与自己类似的人待在一起，对事物有共同的体验，恰是彼此相似的表现。正如前面的例子中，宝钗在批评完黛玉之后，又说出自己也看过那些书，更是让黛玉对她的教训表示认可，连带对宝钗本人也认可了。

我们说“共同的体验”，也就是“共同的感受”，简称共感。共感会引发一种来自内心深处的认同，一旦唤醒，便能略过脑中的逻辑成分，而直接形成情绪。可见，改善与他人的关系并非我们想象的那么困难，只要你能融入他们之中，让其产生“自己人”的感觉，自然也能让对方刮目相看了。

想获得友谊，就别只想着超过他们

《菜根谭》中有言：“当与人同过，不当与人同功，同功则相忌；可与人共患难，不可与人共安乐，安乐则相仇。”说的便是这个道理：要懂得把功劳让给别人。

与人合作和相处，贪功会失了雅量，也会引起不必要的猜忌，但凡存了共

享安乐或是独占功劳念头的人，必会引起他人的戒备和仇视。聪明人懂得与人分享荣誉，有时甚至故意把属于自己的那份功劳让给别人。

篮球明星迈克尔·乔丹的成绩有目共睹，然而这个被称为“飞人”的篮球传奇，在接受媒体采访时从不居功自傲，绝口不提“我自己……”，而是不断地强调“都是因为球队的力量……”“都是因为大家的努力……”，其谦虚的态度令人钦佩不已。

由此可见，真正的大人物是能把荣耀让给他人的人。他们并非时时追名逐利，而是在赢得名利的同时，也不忘把成就拿出来与人分享；他们牺牲了自己的虚荣心，却赢得了他人的尊重和支持。

梅格·惠特曼是美国著名的女企业家，曾在《财富》杂志上以《我一辈子得到的最好的忠告》一文披露了自己受益一生的五个忠告，其中之一就是“不要把一切功劳归在自己身上”，她说：“如果你周围的好事很多，好事也终会降临到你头上。”意思是，如果你懂得把功劳让给别人，让对方体验到成就感，最后受益的必定会是自己。

然而现实中，我们常看到的情况却是“把功劳留给自己，把过错推给他人”。许多人都想努力表现自己，担心落于人后，唯恐自己做的那点小功小德无人知晓。殊不知，这正是人际关系和事业发展中的大忌。

某广告公司的设计总监，与下属同心协力完成了一个作品，一推出便迅速走红，达到家喻户晓的地步，公司品牌收益颇丰。

总公司派上级过来考察，他趁陪同之际，夸夸其谈，说了很多自己为这次的成果劳心劳力的话，明里暗里强调自己在这次作品中起着至关重要的作用。上司听了很满意，表示要重重奖励。

然而下属们知道后，纷纷表示愤慨，没想到此人是这么自私的小人，从此与他貌合神离，对其工作也不再配合，甚至有人往上检举他剽窃同事方案，他

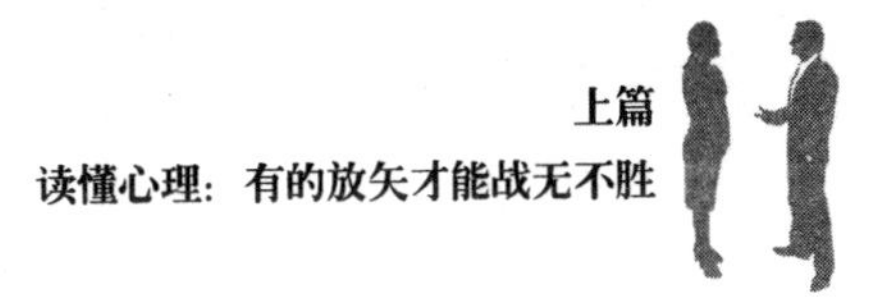

被公司辞退。

例子中的设计总监正是犯了“独任”的忌讳，埋下了敌意的隐患，使同事疏远了他，还有意抓他把柄，最终落得名利尽失的下场。因贪一时之功而葬送了前程，可不就是典型的“捡了芝麻，丢了西瓜”吗？

《菜根谭》中说：“完名美节，不宜独任，分些与人，可以远害全身；辱行污名，不宜全推，引些归己，可以韬光养德。”意思是：完美的名声和荣誉，不要一个人独占，应该跟人分享，这样才不会招来嫉恨，被人算计；不好的名声和错误，不可全推给他人，自己也要承担几分，这样才可以保全功名获得美德。

公元280年，西晋名将王于巧用火烧铁索之计灭了东吴，令三国统一。然而胜敌之后，他却被安东将军王浑以不服从指挥为由，要求将他交司法部门论罪，又诬陷王于攻入建康之后大量抢劫吴宫珍宝。

王于深感恐慌，一再上书陈述战场的实况，为自己的清白辩解。幸运的是，晋武帝司马炎力排众议，没有治他的罪，还对他论功行赏。

可王于每当思及此事，仍愤愤不平。自认为是功臣，为何要受这种不白之冤？于是，每次觐见武帝时，他都一再陈述自己一心效忠、不辞劳苦、奋勇杀敌的功勋，以及这平白被冤枉的一腔愤懑。然而这并未能改变任何事，朝臣对他的弹劾之声仍不时出现。

这时，身旁的范通对他说：“您的功劳太大，可惜您居功自傲，未能做到尽善尽美。”

王于很疑惑地问他是什么意思。

范通接着说：“您自凯旋后，当退居家中，不再提伐吴之事。若有人提及，您就说，‘这靠的是皇上的圣明、诸位将帅的努力，我有何功劳呢？’”

王于接受了范通的建议，谣言果然渐渐平息。

历史上因居功自傲而埋下隐患的例子不胜枚举。倘若王于没有听从范通的建议，仍一根筋地向皇帝表忠心、论功德，保不准哪天不被朝臣弹劾，皇帝也可能因其反复强调的“大功”而动了杀机，毕竟，古代帝王“狡兔死，走狗烹”的做法实在不少。

不与人争功，尤其不与领导争功，不在他人面前张扬自己所作出的牺牲；在争取表现机会的同时，也要注意给别人机会，要学会适时分享，这才是智者所为。

别拖延，关系有了裂缝就及时修补

《战国策·楚策》中，大臣庄辛规劝骄奢淫乐的楚襄王道：“见兔而顾犬，未为晚也；亡羊而补牢，未为迟也。”意思是说，当发现事情出了错误之后，如果赶紧去修正，还不算迟。在人际关系上也是如此，一旦发现裂痕，就要及时修补。

人非圣贤，难免有误。与人相处，总有不小心得罪别人的时候。聪明人在这时会及时承认错误，而绝对不会推脱责任，为自己辩解。面对一个态度诚恳的认错者，对方还怎么好意思同他计较呢？

一天，卡耐基在森林公园遛狗，他既没给狗系链子，也没有戴口罩。这时迎面走来一个警察，很严肃地对卡耐基说：“你为什么不给你的狗系上链子，戴上口罩？它要是咬伤小孩子、咬死小松鼠怎么办？”

“可是现在又没有人，而且我不认为我的狗会咬人……”卡耐基辩解道。

警察听完很生气地说：“这次就算了，如果下次再让我看到，那就请你去跟法官说吧。”

接下来的几天，卡耐基遛狗时再没碰见警察，于是这天，他又拿掉了狗的链子和口罩。很不幸，卡耐基远远地看到警察走了过来。

警察一走近，未等对方开口，卡耐基马上诚恳地说："对不起，警察先生，我真是该死，竟然不听您的警告，又这样把狗牵出来了。我有罪，我甘愿受罚。"

这下警察倒不好意思指责卡耐基了，反而劝他说："好吧，这其实是人之常情，这里的确人来得比较少。"

"可是这是违法的啊，而且它可能咬伤人或咬死小松鼠。"卡耐基过意不去地说。

"这么小的狗，应该不会的。"警察反而替他开脱起来。

最后，遵照警察的建议，卡耐基以后都把小狗牵到对行人比较安全的小山那边去溜了。

卡耐基的"先下手为强"，不但化解了警察可能的怒气，也令自己不用去法官面前说话了。假如卡耐基还像上次一样为自己辩解，无疑是在挑战警察的权威，肯定会起到火上浇油的效果。如今一个简单的先发制人的道歉，不但避免了一场麻烦的庭上问话，还得到了警察的许可，彻底地解决了这个问题。

生活中，一个懂得及时承认错误的人，通常会给人坦诚、真挚的印象，即使犯了错误，也必定会比那些至死不认错的人更容易得到他人的体谅，这在人际交往中有着极其重要的作用。

一次，美国总统里根访问巴西，由于旅途劳累以及年岁见长，欢迎会上，他脱口说道："女士们，先生们！今天，我为能访问玻利维亚而感到非常高兴。"

这时有人低声提醒说错了，里根忙改口道："很抱歉，我们不久前访问过玻利维亚。"

里根及时承认错误的举动，让巴西国民原谅了他的“无理”，化解了一场可能被放大的不快。一个能向别人道歉的人，必定有可信赖的品质，他真挚、坦然、有责任感，是值得靠近和接触的。

在人际关系这个大网中，我们时时刻刻都在触及与他人的交点，任意两点都能被线条连接。因此，假如一段关系没处理好，就可能引起连锁反应，如同被推倒的多米诺骨牌一般，必定会使小事化大，更多的消极状况也会应运而生。

有这样一个故事：

吴国和楚国相邻，一次，两国边境城邑的姑娘同在边境采桑叶，不想在做游戏时，吴国的姑娘不慎踩伤了楚国的姑娘。

楚国人带着受伤的姑娘去责备吴国人，结果对方不但不认错，还口出恶言，楚国人很生气，杀死了吴国人。吴国人为了报复，把杀人者的全家都杀了。

楚国守邑的大夫闻之大怒，发兵反击吴国人，杀死了众多吴国边境的百姓。吴王听后震怒，派兵入侵楚国的边境。由此，吴楚两国大规模冲突爆发。

吴国公子光又率领军队与楚人交战，大败楚军，俘获楚军大将，攻入楚国国都，强抢楚平王夫人。这场由游戏引发的战争，造成了死伤无数的严重后果。

这个故事让人听来不免发笑，由于吴国人太过斤斤计较，楚国人太不会做人，令原本一个道歉或赔偿都可以解决的事情，愣是引发了两国之战。

可见，人际交往中，处理矛盾要及时，避免“牵一发而动全身”的状况出现。在局面还能掌握的时候，将敌意的幼苗迅速拔除，切忌等小事变大事，到那时，被动的局面会令我们就算想挽救也无能为力了。

在社会交往中，人们不免会有言语或行为上得罪人的时候，聪明人懂得吸取教训，及时补救；但凡听之任之、放任自流，或者“死鸭子嘴硬”的做法，都只会令自己陷入更深的困境。

善于体谅他人，展现恢宏气度

相传有位老禅师，一日晚间在禅院散步，忽见墙角有张凳子，便知是有僧徒违反寺规越墙而出了。老禅师不动声色，走到墙角，移开凳子，就地蹲下。不久果然有小和尚翻墙，踩着禅师的脊背跳了进来。

待双脚着地，他才发现刚才踏的不是凳子，而是自己的师父。小和尚惊慌失措、张口结舌，然而老禅师只是平静地对他说：“夜深天凉，快去多穿一件衣服。”

一句简单平常的关心，让我们在老禅师身上看到了“海纳百川，有容乃大”的气度。面对如此宽待自己的师父，小和尚那一脚无疑是踩在师父背、痛在自己心。如此一来，他必定会自知过错，虚心改正了。

德国著名的漫画家埃·奥·卜劳恩说：“一个人，只要具备善良、正直和宽容的性格，那么，便没有什么困难能够压得倒他。”古今中外，但凡有所成就的人，无不是拥有宽容豁达的人格魅力的人。

郁达夫与胡适积怨多年，口诛笔伐、相互较量机会无数。起因是，1919年郁达夫刚从日本回国参加外交官考试，以仰慕的心情给胡适写了封信，提出面聆教诲的请求，然而并没有收到胡适的回信，郁达夫一直对此耿耿于怀。

因此，在后来许多关于文化的辩论中，郁达夫没少跟胡适呛声，有时还会有十分过激的言辞，这无疑是对胡适这个新文学翘楚的严重侮辱，胡适遂提笔对抗。这场文坛对战愈演愈烈，郁达夫甚至写了小说《采石矶》来影射胡适是

个伪君子。

1923年5月，胡适决定不再进行这样无休止的笔战了，于是主动给郁达夫、郭沫若一派写信："我对你们两位的文学上的成绩，虽然也常有不能完全表同情之点，却只有敬意，而毫无恶感。我盼望那一点小小的笔墨官司不至于完全损害我们旧有的或新得的友谊，我尤其希望你们要明白我当时批评达夫的话里，丝毫没有忌恨或仇视的恶意。"

郭沫若读了胡适主动求和的信后，也觉得该停止了，于是回信道："断不致因小小笔墨官司便损及我们的新旧友谊。"郁达夫也在信中表示："我的骂人作'粪蛆'，亦是我一时的义气，说话说得太过火了。你若肯用诚意来规劝我，我尽可对世人谢罪的。""你既辞明说'并无恶意'，那我这话当然指有恶意的人说的，与你终无关系。"

至此，中国文坛史上的一场笔墨之战就此打住了。后来郭沫若回上海，胡适特意找徐志摩去看望他和郁达夫，表示了友好的诚意。

可见，真正的大家都是具有豁达的气度的，他们有修养，不与人计较，懂得包容和退让，因此不但在某一领域颇有建树，也同样受到他人的敬仰和尊重。

美国前第一夫人希拉里在自传发行之初，受到某脱口秀主持人的辛辣嘲讽，对方说："她的自传不可能卖得好，我敢打赌，如果超过100万本，我把鞋子吃下去。"然而这位主持人很不幸，希拉里的自传一经推出就成为畅销书，几个星期售出了100万本，他得对全国观众履行承诺了。

这时，希拉里派人为他送来一个特意定做的鞋子形状的蛋糕，这位主持人便感激而惭愧地"把鞋子吃下去"了。

希拉里以一种幽默的方式表现了自己的大度，化解了一场矛盾，也得到了对方的尊敬。作为一个有着被人尊敬的优秀品质的人，希拉里从曾经的第一夫人，后转换身份为奥巴马政府的国务卿，这也是对其自身能力和魅力的有力肯定。

古训有云："人非圣贤，孰能无过。宽以待人，宽大为怀。"一个有大智的人，必有着恢宏的气度，与人相处不使人难堪，善于体谅和谅解。这种修养，放在工作中，必能得人协作；放在生活中，必会得友众多。

18世纪的法国科学界，那时定比定律尚未确立，同是科学家的普鲁斯特和贝索勒就这个问题争论了9年之久，是众所周知的宿敌。

最后，这番旷日持久的争论终于以普鲁斯特的胜利而告终，但是他并没有自满得意，而是真诚地对多年来的反对者贝索勒说："如果不是你一次次地责难，我是很难深入研究定比定律的，所以，发现定比定律，有你一半的功劳。"并当众宣告要与贝索勒共享这份荣誉。

普鲁斯特多年来以宽容的态度接受贝索勒的批评和质疑，不断修正自己的理论，最后使定比定律得以完成。正是对别人的宽容之心，让他最终收获了科学的果实，并得到了贝索勒的友情。

莎士比亚曾说："不要因为你的敌人而燃起一把怒火，炽热得烧伤你自己。"因小事而起争论，必会越闹越大，并使彼此的误会更深。所以，面对不快和隔阂，不如放宽心态，待人以包容的态度，这样既避免了敌对中彼此的伤害，也能得到他人的尊重，这才是双赢的选择。

下 篇

你来我往：社交就是一场心理博弈

第10章　巧妙破冰：拉近距离，快速与陌生人谈笑风生

人与人之间的相识是一个从陌生到熟悉的过程，只是这个过程会有长有短罢了。社交活动中，有些人和别人一见面就能情投意合。而有些人相识多年却依然感到生疏。当今社会，人际交往日益频繁，如果能够掌握“一见如故”的诀窍，定能够在社交活动中独占先机，为自己争取到更多的合作关系。那么，当你与陌生人交流时，如何才能做到“一见如故”呢？只要掌握了下面这些方法和技巧，相信你一样可以成为社交高手。

初次见面，一句话迅速敲开对方的心

在社交场所、在谈判桌上、在销售圈中、在演讲台前，只要有人的地方就需要交流、需要对话，当然也就需要人们高超的讲话能力和出色的口才。也许，许多朋友会问什么样的口才才能称得上出色的口才，虽然这个问题没有统一的答案，然而，如果见面的第一句话就能打动对方，则足可以体现出一个人高超的谈话技巧。

在社交活动中，我们难免会同一些陌生的面孔打交道。当然，两人再怎么陌生，也还是要开始交流的，因此，如何表达好这第一句话是不容忽视的。对于两个原本陌生的人来讲，如果第一句话没有讲好，很可能会给以后的交往带来不利的影响。因而，社交活动中，如果想要利用第一句话来打动对方，就要把握好这几个关键：亲切、贴心、消除陌生感。如果能够做到这点，那一定会

是一个不错的开场白。

一位演说家说：“开头的10秒钟是最能吸引观众注意力的时间。”如果你能够巧借这10秒钟来表达自己，就可以在接下来的整个交际场面中形成一种有利于你的形势。那么，社交活动中，你应该如何把握这最初的10秒钟，说好第一句话呢？

第一，通过攀认式的开头，以双方共同点入手，瞬间拉近双方距离。

社交活动中，如果想要迅速消除对方的陌生感，可以从双方的共同点说起。比如，来自同一个省市、毕业于同一所母校、相同的年龄、共同的爱好等，这些都可以激起对方的心理认同。其实，任何两个人之间，都会存在一些联系。只要能够彼此留意，就不难发现双方都有着这样或那样的“亲”“友”的关系。因而，社交活动中，大家可以巧借这些关系与对方“攀”认关系，在得到认证之后，可以使双方关系由陌生变成熟悉。

第二，以一种“仰慕”式开头，展现自己的热情，同时，也可以引起对方兴趣。

社交活动中，我们经常会听到一些“我早就读过你的××”或“我早就听说过”之类的开头，这种开头可以轻松地表达出说话者对对方的敬重、仰慕之情，同时也是热情有礼的一种体现。但是，在使用这种方式开口的时候，一定要掌握分寸，适当地表达，不能使用一些过于夸张的语气；同时，话题的重点要放在对方引以为豪的事情上，这样才能避免使你的表达过于造作。

第三，可采用礼貌性“问好”式开头，这样更能体现你良好的个人修养。

社交活动中，在使用这种开头时，还要注意不同的人要使用不同的问候，不同的时间问候也会有所不同。比如，当你遇到一位年长者，“老大爷，您好”显得亲切；遇到一位老教师，“张老师，节日快乐”等都能很好地表达你的敬意，同时也可以轻松展开话题。

良好的开头可以帮助你在社交活动中迅速地吸引对方的注意，得到对方认同，更有利于接下来社交活动的开展。然而，想要顺利地完成社交活动，接下来的谈话也同样重要。因而，每一个人都要多学习一些语言表达技巧，把它变成你社交成功的有利武器！

善意的微笑让你迅速提升亲和力

中国有句古话："人不会笑莫开店。"外国人说得更直接："微笑亲近财富；没有微笑，财富将远离你。"做生意如此，人际交往中也同样适用。无数实践也证明了，微笑可以拉近人与人之间的距离，是沟通时最有效的方式。尤其是面对陌生人时，你的微笑可以传达出你的善意，让对方觉得你是最亲切、最可爱的人。

所谓"微笑"，多是指对事物心领神会后的笑，尽管拥有它不用花钱，可是它永远价值连城。因为，在这令彼此愉快的表情背后，是直通人心的世界语言，是人际交往的润滑剂，是灿烂生活的添加剂。虽然只是短短瞬间的事情，却能留下永恒的回忆。如果想要快速消除人际交往中的陌生感，那么就从现在开始，从微笑做起，相信你一定会有意想不到的收获！

奥丽芙在一家公司做销售工作，一直单身，她也不知道自己为什么没有吸引力。前不久，她发现隔壁住着一个寡妇和两个小孩子，生活比较拮据。一天晚上，奥丽芙所在的区域停电了，她只好赶紧点亮了蜡烛。没过多久，听到有敲门声，她心想，这么晚了，会是谁呢？带着一丝疑惑，她打开了自家的门。原来是隔壁家的女孩，她紧张地问道："阿姨，请问你家有蜡烛吗？"听到这里，她心里盘算着："难道他们家穷到这个地步吗？不会连一根蜡烛都买不起吧？可不能让她们赖上我。”于是，她面露凶相地吼道：“快走，没有！”

说完，她打算关起门来，这时，她忽然看到小女孩露出关爱的微笑说：“我就知道您家一定没有！”说完，小女孩竟然从怀里掏出两根蜡烛递给奥利芙。“我妈妈怕您一个人住又没有蜡烛，所以就让我带两根送给您。”

看着孩子纯真的笑容，奥利芙被感动了，她突然领悟到微笑的力量。从那以后，无论是在工作中还是生活中，她的脸上都会时刻保持着真诚的微笑。当然，她的生活也随之发生了改变，不仅她的业绩越来越多，同事们也越来越喜欢和她在一起。

在这个案例中，销售员奥利芙的生活环境并不好，业务水平也不高，她并没有意识到问题在哪里。在与邻居家小女孩的交流中，小女孩真诚的微笑和关切的行动让她认识到自己的问题。当她用微笑去面对他人的时候，生活也发生了变化。这个故事是在告诉我们，人际交往中，微笑的力量很大，善于微笑，可以帮助你赢得更多朋友与财富。

也许有些人认为，不就是微笑吗，也太简单了。其实，微笑并不是一件简单的事情，要想你的微笑很迷人，必须发自内心。人际交往中，如果做得不好，微笑反而会使人觉得不适，觉得虚假。因而，人际交往中，如果你想要拥有迷人的微笑，要做到如下几点：真诚、适度、合时宜。

虽然每个人都知道真诚的笑容有感染力，然而并不是所有的人都能拥有它。想要拥有真诚的微笑，需要经过一定的训练。只要每天对着镜子练习，时间长了，你的脸上自然就可以形成习惯性的微笑。那么，人际交往中，想要拥有这种微笑，需要掌握哪些技巧？

第一，微笑要发自内心，真诚的微笑才能打动人。

一个人只有内心被快乐、感恩与幸福包围着时，才能流露出自然的微笑。一个人只有内心充满温和、体贴、慈爱等感情时，才会通过眼睛表露出来，给人真诚的感觉。因而，对于社交场上的人来讲，你所表达的微笑，应该是发自内心的，向对方表达的是："我喜欢你，我很高兴见到你，你让我开心。"

第二，善于微笑，时刻保持微笑，才能让你更生动、更迷人。

一个时刻微笑的人，会让人觉得他是一个有修养的人。因而，在不同场合、不同的情况下，你都要学会微笑，以此来表达你对他人的感情。人际交往中，如果一个人能用微笑来接纳对方，那么既可以反映出他良好的修养，还可以帮助他打通局面。

微笑的力量非常强大，如果能够拥有它，就掌握了成功社交的强大武器。如果你也想要轻松赢得社交胜利，那么就从现在开始，用微笑来面对你身边的每一个人吧！

主动破解尴尬，和陌生人亲切交谈

交谈是口语交际中的一大难关，处理得好可以令双方一见如故，相见恨晚；处理得不好可能会造成彼此四目相对，局促无言。因而，和陌生人谈话，可以称得上交际中一大难关。无论是哪个人，如果能够具备与陌生人一见如故的能力，那么，他将会朋友遍天下，做起事来也会左右逢源。要知道，当今世界人与人之间的交往日益频繁，无论是参观考察还是应酬赴宴，大家都会遇到许多陌生的面孔，如果能够打破藩篱，和对方"一见如故"，就犹如掌握了交际成功的钥匙。

聪明的人懂得，与一个陌生人相处并不可怕，可怕的是你不及时与对方交谈，这会使气氛更加尴尬。如果能够迅速打破这种局面，自然就可以顺利交谈下去。

张潮出差到外地，因为性格比较内向，一路上他也不愿意与他人多交流。刚到目的地，他便投宿在一家旅店中。由于房源紧张，已经没有单间了，最后只能与他人合住一间房。走进房间一看，房内已住了一位，此时正悠闲地躺在床上欣赏着电视节目。四目相对，两人都没有说什么话，气氛自然有些尴尬。于是，张潮便拿起早已准备好的书看了起来，慢慢地也就放轻松了。

没过多久，又住进来一位，后来者先是麻利地放下旅行包，稍拭风尘，接着便冲了一杯浓茶。等一切收拾停当后，那位后来者便坐下来边品茶边观察最先到的那位。没多久，只听后来者说道："师傅来了多久啦？""没多久，比这位客人先到了一刻。"先来者一边指着张潮，一边回道。"听师傅的口音，好像不是苏南人啊？""噢，山东枣庄人！"两人就这样一问一答道。

一提到枣庄，后来的那位可就来了兴致。"啊，枣庄是个好地方啊，我在读小学的时候就从《铁道游击队》的连环画上知道了。三年前，我也去了一趟枣庄，还颇有兴致地玩了一遭呢！"听到这里，先来者自己来了兴趣。于是，两人也就从枣庄的铁道游击队谈开了，有说有笑的，瞧那股亲热劲，不知道的人还以为他们两人是一同出来的呢！经过一番的交谈后，两人颇感投缘，于是互赠了名片，然后，又一起出去进餐，让人没有想到的是，临睡觉前双方居然还在各自带来的合同上签了字。

原来，两人都是生意人，先来的山东客人经营煤，而后来的苏南人做风桶生意的。于是，两人在一来二往中，也就谈成了生意，达成了合作。这场面，就连不善言谈的张潮都被打动了。

在这个故事中，不善言谈的张潮在出差途中，亲自见到两位陌生人经过一番攀谈后成为朋友，并且向对方成功推销出自己的东西。同住一间房，虽然张潮与山东人先认识，然而两人相处一室却颇感尴尬。苏南人一出场，便迅速地打破这种局面，巧妙借用"枣庄的铁道游击队"这个共同点同山东人亲切地

交谈起来，两人一见如故，并顺利地签订了合同。由此可见，人际交往中，如果能够快速找到两人的共同点，就可以引起对方兴趣，进而令双方亲切地交谈起来。

因而，在社交活动中，如果想要与对方“一见如故”，必须快速地找到两人的共同点。当然，很多时候，共同点并不是表面的东西，需要你去认真地观察、寻找；然后，在交谈时，用试探的口气表达出来。有时，也可以在社交活动中通过别人介绍的情况来猜测。总之，只要你用心去寻找，就一定能够找到双方的共同点。然后，借助这个共同点，轻松引起对方的兴趣，消除对方的戒备心理，就可以使陌生的路人变为熟人，最后发展成为自己的朋友。

总之，一个人想要在社交活动中发现双方的共同点并不难，比如，共同的生活环境、共同的任务、共同的习惯等，只要用心，陌生人无话可讲的局面是不难打破的。因而，如果你也想成功突破无话可说的局面，那么就从现在起，学着从双方的共同点谈起！

善用赞美，在感情上拉拢对方

人际交往中，沟通是双方的互动，如果一方没有这个意愿，那么，必然会导致沟通受阻。因而，让对方打开“话匣子”，是我们成功沟通的前提条件。当然，想要一个人开口说话的方式有很多，比如，向对方求助等。在这所有的方式中，赞美他人开始交谈是最有成效的一种沟通方式。

生活需要赞美，社交场上也同样需要赞美，曾有人说过：“赞美是畅销全球的通行证。”的确，人际交往的过程中，适当地赞美别人，可以让自己获得好人缘，同时，也可以使双方在心理和情感上靠拢。因而，社交活动中，如果想要快速与对方建立关系，你可以适当地赞美对方。

曾经有一个国王，平日他比较喜欢做诗自娱。一日，国王兴致大发，便做诗一首；可是，左看右看总觉得不是很好。这时，刚好他的元帅来觐见，国王便把这首诗让元帅先看了一遍，然后，国王问道："爱卿，我觉得这首诗写得不好，你认为如何呢？"元帅平时爱奉承人，见国王如此说，便称赞国王道："国王真是好眼力，您简直说得太对了，说真的这首诗简直糟糕透了。"国王一听，咧着嘴角笑了笑说："看来做这个诗的人，一定是个笨蛋，简直笨到极点了。"于是，元帅附和道："您太英明了，没想到国王的鉴赏能力这么高，真不知道是哪个笨蛋作出如此糟糕的诗，还敢给您看。"

此时，国王的脸已经变了颜色，看元帅发表了意见后，正了正脸色慢慢地说："噢！谢谢你，其实这个笨蛋就是我。"听到这里，元帅的脸色大变，赶紧红着脸说："陛下，让我再认真看一下吧，我眼睛不好，刚才可能没看清楚。"

故事中，元帅喜欢拍马屁，因而面对国王的询问时总是一味地称赞国王有眼光、高明，总是附和着国王去说话。其实，他只是想通过称赞国王来表达自己的对国王的尊重，谁成想这首作品正是出自国王之手。由此可见，人际交往中，称赞对方也要讲究方式方法，否则就会弄巧成拙。

诚然，赞美可以在一定程度上提高对方的优越感，有利于改善双方的关系，然而，赞美也并不是毫无章法地随口乱赞，否则很可能会适得其反。社交活动中，想要通过赞美来改善人际关系，也是需要掌握一些技巧的。

第一，想要让你的赞美打动对方，真心实意最重要。

人际交往中，真诚地赞美别人，如同人际关系的润滑剂，使你与他人的关系融洽和谐；而那些虚伪的、肉麻的恭维话，却会令人觉得你不怀好意，从而让人心生轻蔑。如果想要让你的赞美之声听起来动人，那么你称赞的必须是一

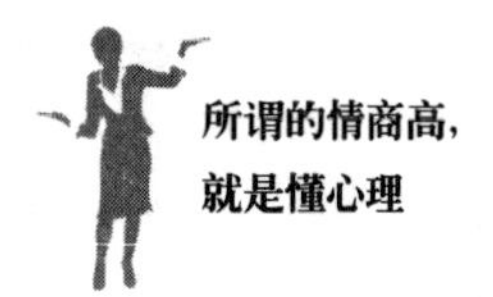

个无可争议的事实。因而，想要通过赞美来打动他人，就要学会发自内心地赞美别人。

第二，想要让你的赞美更动听，要学会恰到好处地称赞别人。

人际交往中，每一个人都喜欢被取悦，而不是被激怒；喜欢听到褒奖，而不是被对方恶言相向；更乐意被喜爱，而不是被憎恨。因此，你在赞美别人时，一定要细心观察，了解对方的优点和缺点，这样才能让赞美更打动人心。如果不加细想、满口乱赞，很可能会让对方心生厌恶之情，最终也就失去了赞美的意义。当然，想要达到这一点，你在与他人交往之时，就要学会发现别人的优点，找到对方引以为豪的东西，只要能够抓住这一点，就可以一招制胜。

第三，想要让赞美的效果更显著，可以在赞美的方法上下手。

诚然，面对面的赞美可以明确表达你的情感，有利于与他人的沟通与交流，然而，如果使用不当的话，很可能会让你有拍马屁的嫌疑。如果选用背后称赞对方的方式来表达你的感情，一定会收到意想不到的效果。当然，如果你在背后称赞对方而他却一无所知的话，同样会失去称赞的意义。因而，在使用这种手法时，一定要选择合适的人选，这样才能把这些话如数地传到对方耳朵中去，从而轻松地达到目的。

恰到好处的赞美可以帮助你建立起良好的沟通局面，令你顺利地完成社交任务。但是，想要达到这一点，也是需要个人用心观察、学习的。如果你想与陌生人交际时迅速打开沟通局面，不妨从学习赞美对方开始。

如何成为社交场合的亮点

人有千万种，有的性情耿直，有的行事委婉，有的活泼开朗，有的能言善辩，有的机智过人……在不同的表象背后，代表的是每个人不同的性格特征。尽管优秀的人到哪里都能吸引他人的目光，然而，能给人留下深刻印象的，往往是那些具有自己独特个性的人。因此，如果你想给人留下深刻的印象，培养自己的个性最为关键。

个性反映出一个人的品位与内涵，是一个人魅力的体现，更是一个人鲜活的社会符号。其实，每个人都拥有自己的独特个性，某些良好的个性甚至还可能对人际关系起着举足轻重的作用。只要能够巧用自己的个性，你也可以在人际交往中挥洒自如、游刃有余，轻松获得人际交往的成功。

陈霞是一家食用油公司的产品销售员，她活泼开朗，待人热情。在公司里，她的业绩总是遥遥领先，她最重要的秘诀就是坦诚相待，热情大方。

一次，她打算把她推销的一款产品卖给湖南人。可是还没等到她走进店里，老板娘就走出来说："跟你说了多少遍了，不要，不要，不要！"一看这态度，陈霞便知道今天跟她推销产品效果肯定不好。于是，她不容多想就回答道："老板娘，我来你这里是想买点辣椒的。"说着，她一边伸手自己拽了袋子，一边自己挑起来。见老板娘打算前来帮忙，她赶紧微笑着说："没事，你去忙你的吧，我自己弄就可以。"没过多久，店里来了好几个客人，老板娘一时有点忙不过来，陈霞赶忙上前帮忙，还有说有笑与客人聊起来，最终，几个客人都满意地走了，直夸她的服务态度好。这下，连老板娘都不得不佩服她的能力了。

过了很长一段时间，陈霞再次到湖南人的店里去，这次，还没等她走到门口，老板娘就认出她来了，两人热情地聊了起来。其间，店内人多的时候，陈霞会主动过去帮助挑东西、称东西，这些都令老板娘有些感动。最后，事情进展得很顺利，临走之前，老板娘主动提出要购买她的东西。用她的原话说："像你这么热情大方、真诚的姑娘，哪里能让人忍心拒绝？"

在这个故事中，食用油推销员陈霞打算把产品推销给一位湖南人，可是还

没等第一次接触便被对方一口拒绝。面对对方的拒绝，她并没有因此而放弃，而是借机主动与对方攀谈，还热情地帮她招呼客人，给老板娘留下了深刻的印象。也正是她热情主动的个性，最终打动了老板娘。由此可见，人际交往中，如果一个人能够巧妙地发挥自己的个性优势，一定可以打破尴尬的局面，建立起良好的人际关系。

在社交活动中，使自己脱颖而出、成为对方记忆里的“闪光点”并不是一件很容易的事情。聪明的人懂得，与他人交往时，要通过个性美来表现自己的“与众不同”，来加深对方的记忆。当然，想要做到这一点，首先要学会分析，认准自身个性中的优劣因素。要知道，只有那些有着积极作用的个性才能让别人记住你。相反，如果不懂得加以区分，很可能会被自己的个性所害，还不自知。

当然，想要在社交活动中给对方留下与众不同的印象，只懂得表现个性还不够。为了能够使你的个性显现出效果，还需要运用你的个性来打动对方，让对方发现你的内在美。其实，这个过程也就是我们推销自己的过程。如何推销自己，才能让对方尽快地了解你、认识你并记住你，也是需要一定技巧的。中国有句古话：“说得好不如做得好。”因此，当你在表达自己的个性美时，最好能够体现在具体的行动中，这样才能更有说服力，更打动人心。

对于大家来讲，拥有的外貌是天生的，我们无法改变什么。然而，一个人的个性气质完全可以通过后天的修身养性而获得。人际交往中，只有那些善于发挥个性优势的人才能更容易赢得别人的肯定。因而，如果你也想用个性来吸引对方的目光，就赶紧行动起来吧！

积极一点，用热情打动对方

时代在飞速发展，人与人之间的交往也日益密切，我们每天都要面对许多陌生的面孔。如何迅速地打破沟通僵局，与对方拉近距离，由陌生人发展成为熟人，是许多人都在思考的问题。其实，想要做到这一点并不难，只要能够掌握技巧，相信每一个人都可以轻松做到这一点。那么，都有哪些技巧可以帮助我们快速广结朋友呢？

第一，怀抱积极的心态，在人际交往中，主动去结识他人。

每一个人都有自己的圈子，在这个圈子内，你可能是一个精英型的人物，然而，一旦提到交际圈外的人事物，你就可能会感到陌生、别扭。因而，有很多人一遇到陌生的面孔就显得过分羞涩、窘迫，甚至躲得远远的。要知道，良好的人际关系不是坐等而来的，更多时候需要你能够把握住机会。在社交场上放松心情，主动去结识每一个人，这样才能为自己争取到更多的机会，才可能与对方相熟起来。

第二，社交活动中，要发挥你的热情，才能够给对方留下美好印象。

要知道，能够主动结识朋友，只是你打开成功交际的第一步，如何能够在接下来的时间内感染对方，才是最重要的。这里有一个技巧，就是尽情发挥你的热情，去感染身边的每一个人。其实，热情是一个人发自内心，并扩充到整个身体里的兴奋。人际交往中，一个满腔热情的人，他的兴趣、爱好、为人和性情都能从他的姿势、眼神和活力中体现出来，也会让周围的人感受到他对这次见面、谈话发自内心的喜欢。热情还可以感染周围的人，一个充满热情的人，可以让身边的每一个人都觉得和他在一起很快乐。因而，如果你想要在社交活动中拥有良好的人缘，就尽情发挥你的热情吧！

第三，人际交往中，想要与他人建立良好的关系，需要用真诚去换得对方

的信任。

无论何时，每一个人都希望受到他人的真诚相待。要知道，真诚的人往往更容易让人产生信任，同样，在人际交往中，一个真诚的人是值得让人尊重和欣赏的，也更容易博得对方的好感。因而，与他人交往时，不妨把你真诚的一面表现出来。真诚并不是嘴上喊几句口号而已，而是要付诸具体的实践的。那么在具体的生活中，我们要如何去体现自己的真诚呢?

首先，与人交流时，要诚实地表达自己的看法。

人与人之间的交流，也是心与心之间的交流。一个人只有真诚地对待别人，才能换来别人的真心相待。因此，与人交谈时，要做到真诚。无论对方的观点对与否，都要表示你的尊重之情；如果你与对方的意见不一致，也不必隐瞒和矫饰，当然，也不能为了讨好别人而故意附和别人。只有诚实、客观地表达自己的观点才是正确的做法。

其次，待人真诚，还包括及时给予别人帮助。

一个人要学会真诚待人，不仅要诚实地表达自己的意见，更要能够在危难时刻给予对方亲切的安慰与帮助。聪明的人懂得，雪中送炭比锦上添花更能获得别人的信任。要做一个真诚的人，就要学会安慰别人、帮助别人。

最后，做一个真诚的人，还要懂得设身处地替别人着想。

人际交往中，要体现你的真诚就要学会替别人考虑。这就要求我们在说话办事的时候能够尽量站在别人的立场上思考一下，这样才不会有失公平。当然，也只有这样做，你才不会伤害到别人的利益，才会得到别人的认同，从而与其成为真正的朋友。

人与人的交往，贵在心与心的交流与沟通。在社交活动中，如果能够做到“主动”“热情”“真诚”，相信你一定可以以独特的人格魅力来打动每一个人，从而建立起良好的人际关系。

从对方感兴趣的话题开始说起

实践证明，社交活动中，共同的兴趣与爱好可以促进交往的双方相互接近，在心理上诱发出一种特定的吸引力，缩短双方的心理距离，还可以引起交谈双方的情感共鸣，有利于人际关系的建立。因而，如果能够把它巧妙地运用到社交活动中去，相信一定可以帮助我们快速地建立良好的人际关系。

与陌生人相处时，大家如何才能够快速地找到合适的话题，从而打破僵局，进行良好的沟通呢？这不是一件容易的事情，需要人们能够根据交谈对象来判断。那么，如何根据交谈对象找到对方感兴趣的话题？

第一，根据交谈对象的性别来选择话题。

根据经验，生活中，女性一般对服饰、化妆品、美容等话题感兴趣，而男性通常会对旅游、军事、体育、政治等方面感兴趣。因而，社交活动中，你可以根据性别来具体选择某一类话题。然而，良好的沟通需要双方都参与进来，所以，当你在选择话题的时候，最好能够选择双方都有所了解的话题。

第二，根据对方所处的人际关系圈来判断对方感兴趣的话题。

俗话说："物以类聚，人以群分。"社交活动中，一个人对什么话题感兴趣，可以根据对方所处的圈子来判断。只要能够提到对方的长处，相信每一个人都会有许多有趣的事情要讲；只要你此时能够做好一个听众，一定会让对方有谈下去的欲望。

要知道，"萝卜白菜，各有所爱"。不同的人自然也就会有不同的爱好。因而，找到话题并不能解决所有的问题。如何能在第一时间内准确地推断出对方兴趣所在，并继续交流下去，才是最重要的。因而，当你在寻找对方感兴趣的话题时，一定要做到以下两点：

首先，认真观察，寻找线索。

社交活动中，有些人的兴趣爱好很容易就能发现，而有些人却并非如此，还有些人看来好像什么都不喜欢。这个时候就需要你能够认真观察，从中找到一些线索。当然，必要的时候，你也可以做一些试探性的工作，让对方自己不自觉地说出来。当然，试探的工作最好不要太频繁。

其次，拓展自己的知识面，多培养自己的兴趣爱好。

如果你想要在社交活动中能够与他人顺利交流，就需要广泛地拓展自己的兴趣爱好；只有拓展自己的知识面，积累更多知识，才能在交流时发挥自己的才能，掌握交际的主动权。

兴趣是人与人之间的催化剂。社交活动中，如果大家能够找准对方兴趣所在，然后顺势地交谈开来，就很容易与对方建立起良好的感情。所以，如果你也想要做到这一点，就多培养你的兴趣爱好吧！

第11章　自我表现：恰当展示，让你成为团队精英

职场上，上司是决策者，他手中掌握着决策权。员工是下属，对于领导的命令只有执行权、落实权。因而，在领导活动的舞台上，如果你想要获得更多的机会，不仅要能够顺利地办好领导交办的事务，还要起到辅助决策的作用，帮助领导想问题、提建议、出点子，从而出色地完成任务。能参善谋是对职场人士的基本要求。要知道，世上没有天生的战略家，只要从现在开始努力锻炼，那么，成为能参善谋的下属并不是难事。

向上级谏言要把握时机

智者千虑，必有一失。因而，即使再精明的领导，也有考虑问题不够全面、处理事情不周到的时候。遇到这种情况时，如果下属不能认清形势，只懂得盲目服从，很可能会导致更大的错误出现。因此，当下属与领导相处之时，要学会向领导进忠言，如此方能达到既定目标。

生活中，有许多下属总想讨领导的欢心，于是事事顺着领导，做起事来也总是看着领导的眼色行事，有时明知领导的决定不对，也抱着少说为佳的态度处置。其实，作为聪明的下属，我们要懂得不断提醒领导。当发现领导有不妥的地方时，不放任事态的发展，也是下属有事业心、责任感的表现。

晏婴，又称晏子，是春秋时期的齐国人。晏婴曾是灵公、庄公、景公三世的齐国名相，也是继管仲之后齐国的名相。齐国历经灵公、庄公时期，已走向

没落。到了景公时，政局混乱，景公便想光复先君伟业，重振雄风，并让晏婴辅佐其治理齐国。

一日，齐景公召晏婴来请教兴国安邦之道。面对着国君的请救，晏婴只是沉思了片刻，便邀请齐景公一起，外出察访民情。于是，君臣二人便来到京都临淄的闹市，走近一家鞋店。他们看到这些精美的鞋子鲜有人前来购买，相反，倒是那些卖假脚的地方生意火爆。景公不解，便问原由。对方回答道："当今国君滥施酷刑，动辄处人刖刑，很多人便被砍了脚，如果不买假肢的话，又如何能够劳动与生产呢！"听到这些，景公有些心生烦闷。晏婴知道他一定是受了刺激，于是，向景公说道："桓公之所以能够建立伟业，正是因为他能够爱恤百姓，廉洁奉公，不为满足欲望而多征赋税，更不会为修建宫室而乱役百姓。如今大王却要亲小人、远贤良，百姓敢怒而不敢言，生活苦不堪言。"听到这里，齐景公彻底明白了自己的错误，立誓也要效法先君。

还有一次，景公及群臣到原纪国的土地上去游览，无意中捡到一个精美的金壶，只见壶内刻着"食鱼无反，勿乘驽马"八个大字。景公故作聪明地认为这是告诉大家，"避免吃到腥味，吃鱼的时候，尽量避免食用反面；如果想要走很远的路，也不能乘劣马。"听到景公的解释，众人无不赞叹其见解深刻。然而，晏婴却在良久的沉默后说道："这里也包含着治国的道理，前一句是告诫国君不要过分压榨百姓，后一句则是表达不能重用无德无才的人。"景公不服，反驳道："既然纪国拥有这么好的名言，为何还会亡国呢？"晏婴回道："正是因为他们把这些刻于壶内，而不是高悬于门上，因此不能时常看到并在生活中加以对照，才会有如此结局。"景公听后方才有所领悟，便令群臣也要牢记壶内格言。

面对国君，晏婴尚且能够抱持这种不卑不亢的态度，面对领导的错误，我们更应该积极地提出自己的看法，敢于向领导进谏忠言。

培根曾说过："过分地恭维别人，等于贱卖自己的人格。"因而，在与领导的相处中，如果一个人总是讨好领导，不懂得进忠言，只会让人瞧不起。相反，如果他能够坚持自己的做人原则，面对错误的地方能够坚持自己的主见，既是对上级的真心尊敬，也会得到上级的认可。

当然，下级在向上级进言、提意见时，也要把握好一个"度"，只有掌握好方法与分寸，进言才更容易被采纳。

如何与领导搞好关系

现实生活中，有些人坚信"天道酬勤"，他们认为，只要自己努力了，做出成绩了，就可以得到提拔。其实，这种观点并不完全正确。领导日理万机，哪里有时间顾得了所有人！所以说，如果想要得到领导的赏识与重用，就必须学会与领导建立起密切的联系。

在我们的身边，有许多年轻人生怕自己与领导在私底下碰到。一旦与领导不期而遇，他们忙低下头怯怯地打声招呼，然后便溜走。有时，领导本想再关心地问他们几句，却只得对着消失的背影怀疑自己是否真的这般可怕。其实，领导也只是一个普通人，没必要把他想得过于恐怖。如果你想要拥有更好的前途，就要学会与领导密切联系，抛弃"敬而远之"的心理。

许林是一家电子产品公司的行政助理，刚走向社会，他对一切事物都充满了热情。每天，他早早来到办公室，下班又是最后一个走，工作上，他总是严格要求自己。所以，没过多久，他就取得了一些成绩。然而，他的性格内向，平日里看到那些整天围在老板身边的人，他从内心感到不屑。可是，最近发生的一件事情，让他真正认识到自己的不足。

从进公司起，许林对老板一直很尊敬，然而，性格的原因使他有些害怕与老板相处，因而，他也就时时地刻意回避着老板。他认为，只要努力做出成绩，就定会受到重视。起初，他的成绩的确得到了老板的认同，可是，老板也只是口头上说说而已。一次，上班之前，老板兴冲冲地走进办公室，冲着他与张凯说道："巴西的那个致命一球，实在是太精彩了！你们看了没有？"听到这些，同事张凯忙回道："确实如此，看得大伙都叫好！"当老板把目光投向许林时，他也只是礼貌性地点了点头，然后，就把头低下去继续工作了。其实，许林也想好好发表一下见解，可是，他喜欢足球却没有胆量发表意见。可想而知，最后的讨论也就变成了张凯与老板之间的交流。

从那之后，老板与张凯之间的交情越来越深，两人经常在一起有说有笑的。许林看着这个比自己晚来几个月的同事此刻竟然与老板打成一片，心里自然有些不平。可是，他依然我行我素，坚持自己的观点，希望通过成绩来打动老板。可是，没过多久，老板请他去办公室一趟："许林啊，你的能力很强，这一点我是可以肯定的。不过，你的性格稍有一些内向，我觉得你更适合到计划科去，我已经和人事经理打好招呼了，你下午就可以去那里报到去了！希望在新的岗位上你能继续好好干，发挥自己的才能！"听到这些，许林有些发愣，可是，面对这样的结果，他也没有反对，只得回办公室去收拾东西。可是，回到办公室一看，原来自己的位置上坐着的正是经常与老板沟通的张凯，顿时，许林明白了一切。

在这个故事中，性格内向的许林一向与老板保持着距离，尽管他内心尊敬老板，也做出了成绩，可还是被调离。许林会受到如此对待正是因为他不懂得与老板密切联系。由此可见，身处职场，如果你也想得到老板的重用，就要学会与老板密切联系，这样才能走近老板的心。

身处职场，任何人都想要得到领导的重用。如果只凭借出色的工作能力，而不懂得与领导联系，就无法与领导良好沟通，当然也就无法受到领导的信任与重用。由此可见，与领导建立起良好的关系才是获得升职的前提。

时刻站在上司需要你的地方

无论是在企业或是机关单位，人们在工作中都会遇到一些棘手的问题。这类问题处理起来很复杂，也很敏感，稍有不慎，就会出力不讨好。在许多人的眼中，只有决策者需要去面对这些问题；自己只是一个基层员工，没必要也没有能力去处理这些事情。其实，这种想法并不正确。把这些棘手难题妥善处理好，也是我们获得领导青睐的重要前提。

作为员工，你要知道你的使命是帮助上级解决问题。在其位就要谋其政，解决那些棘手的问题也是你的职责。同时，聪明的员工还懂得，能够顺利解决这些难题，也是证明自身才华的方法与途径。因而，当工作中遇到那些棘手难题时，你所要做的就是尽力解决。只有唱好领导难唱的曲，才能获得领导的赏识与认同，从而取得领导的信任与重用。

作为领导的左膀右臂，每一个人都要积极地给领导出谋划策。生活中，有许多人会认为这些都是领导的事情，既然领导全权负责，肯定应该由他自己去承担。做下属的根本没有必要去承担领导的苦难，只要干好自己分内的事、拿到应得的报酬就可以了。这种想法在没有违背原则的情况下，本是无可厚非的；然而，聪明的员工懂得，只有自己主动替上级分忧解难，才能体现出自己与领导患难与共，才能赢得领导的信任。因此，越是在危难时刻，下属越应该主动帮助领导分担责任，下属只有做到及时为领导分忧解难，才能在领导的心中占有一席之地。

陈强是一所名牌大学的毕业生，刚一毕业，便应聘进了一家农业科学院。凭借着自己过硬的专业知识，没过多久，他便在业界权威杂志上发表了他的农业科研成果报告。同时，由于他的工作能力很好，因此很快被提拔为办公室主任。

前不久，所长带领着大家研讨一个新项目，经过4个小时的激烈讨论，终于出台了一套改革方案。然而，由于这个项目在第一阶段的测量中出现了一些难题，最终导致整个方案都被否定，同时也给研究院带来了巨大的损失。想要改变眼前这个现状，需要时间，这一点谁都知道。然而，现在对于他们农科院来讲，最缺的就是时间，因为，这次的损失已经让上级单位非常恼火。所以，上级单位派人来彻查此事，追究责任。

调查工作在紧锣密布地进行着，所长也在抓紧时间挽回损失。当务之急是要减轻所长的错误，为其争取充分的改错时间。面对调查组时，许多农科院的工作人员都选择了推卸责任，只有陈强一个人主动把责任揽了下来，最终他受到处分，被罚写检讨书。

当然，他这样做无疑给所长争取到了有利时机，最终把损失降为最低。所长把这一切都看在眼里，心中自是对他百般感谢，没过多久，他也已经从“犯错”中走了出来，最终成为所长的心腹。后来，他的职位也不断地得到提升。

在这个故事中，上级派人对事故进行调查，陈强主动揽下责任，为所长争取到宝贵的时间。虽然陈强因此而受罚，却换来了所长的信任，成功地化解了这次危机。这个故事告诉我们，在某些情况下，作为下属，如果我们能够帮助打好头阵，给领导最后的决策留下缓冲的余地和充裕的时间，就能获得领导的信任与重用。由此可见，在与领导的交往中，员工还要学会主动揽责任。聪明的下属懂得，一味地坚持自己的原则，很可能会让自己陷入困境当中；相反，若能够主动把过错揽过来，机智巧妙地替领导“背黑锅”，那么既可以为领导争取时间，也可以获得领导的重用，为自己带来广阔的空间。

再聪明的领导也可能会遇到一些棘手难题，面对这种情况，聪明的下属懂得积极参与，主动帮助领导解决掉难题，从而更容易得到领导的信任与重用。如果你也能多替领导分忧，增加与领导的交往，自然就离提升的日子不远了。如果你也想要受到领导器重，那么就从现在起学会帮助领导处理一些棘手难题吧！

把荣誉让给上司，更得领导重视

与领导相处也是一门学问，如果处理得当，可以为你带来事业上的进步。处理不当，就可能让你跌落谷底，损失惨重。因此，对于身处职场的人来讲，与领导搞好关系很重要。当然，想要与领导搞好关系，除了给予对方尊重之外，还应学会低调做人，把荣誉让给领导。否则，即使你的能力再强，也会被外露的锋芒所伤害。

张鹏在一家电脑设计公司任职，他是企划部的得力干将。要知道，他能够拥有今天的成绩很不容易。因为在他之前，这个部门已经接连调来好几个人，然而都没能改变企划部的面貌，最终都灰头土脸地离开了。后来，领导把他提拔到现在这个位置上，没过几个月时间，企划部在他手上复活了。

在他的管理下，企划部的员工对工作充满了热情与干劲，没过久，整个部门便赶上了企业整体步伐。一时之间，企划部成为全公司的热门话题，公司上下，无人不知这位重要人物。在大伙的夸奖下，张鹏也开始得意起来，逢人就说自己的能力如何强，如果早一点让自己接手，这个部门早就改变了这种局面。张鹏一味地陶醉在自己的成绩中，根本没有注意到领导的心理变化。

当然，张鹏所说的话也传到了领导的耳中，使得领导心里很郁闷。更让人生气的是，在公司的表彰大会上，当张鹏上台发言时，他从头到尾都在表达自己的能力如何，眼光又是何等高，正是由于自己的到来才使得企划部摆脱了被合并的命运，最终能够走到公司所有部门的前头。可以说，在整个发言的过程中，张鹏都在夸奖自己，根本没意识到他人的努力，当然也没有提到他的领导。

领导此时已心生不悦，只是没有表达出来。表彰会没多久，领导便借口他能力高将其调离到更需要的部门里去。直到此时，张鹏才明白正是因为自己过于张扬，在荣誉面前没有把领导放在第一位，才造成今天的局面。尽管他想给自己争取最后的机会，无奈局面已定，他也只能听从命令，去其他部门上任。

在这个故事中，张鹏力挽狂澜，将企划部带出困境，一跃成为公司先进部门。这其中有他的功劳，然而，他并没有意识到要把这些功劳与领导分享，甚至根本无视领导的存在，最终使得他被调离。无论取得多大成就，都不可能是一个人的功劳，领导的决定起到的才是决定性作用。所以，你所取得的任何成就都有领导的份儿。如果每个人都像张鹏一样高调宣扬自己的能力，抢走了领导的风光，只会引起领导的不快，最后势必会给自己带来损失。由此可见，作为下属，面对成就时保持低调，主动把荣誉让与领导，是我们获得领导信任的前提。

现实生活中，许多年轻人取得一点成就便自我宣扬，到处显现自己的能力，甚至认为领导正是依靠自己的努力才能做出成就，因而，面对成就时，总是极力争功，总想显得比领导更能干、更有能力。其实，这是最愚蠢的做法。要知道，身处职场，过于高调地突出自己，会在无形之中抢走领导的风头，使领导显得没有能力，这样做无疑会给自己的成功增添阻碍。聪明的下属懂得，成功之时保持低调，不抢领导的“镜”，才是深得领导信任的做法。

作为下属，你的职责便是协助上司，如果有了一点小小成就便邀功争宠，只会让上司觉得你的存在就是威胁。因而，要一个聪明的下属，就要学会保持低调，主动把成就让给上司，成为上司的忠诚追随者。

那么，从现在起，做一个聪明的下属吧，通过让功劳获得上司的信任与重用。

找到自我表现的时机

韩愈的《马说》一文中说："世有伯乐，然后有千里马。千里马常有，而伯乐不常有。"对于千里马来讲，能够遇到伯乐是十分幸运的事情。然而，"伯乐"却并不常有，对于那些身怀绝技的人来讲，想让自己被发现，就要学会表现自身的才能。

提到表现自己，许多人会认为那是"出风头"和"目中无人"的表现，也是一个人不成熟、不稳重的表现。正是在这种偏见的影响下，一些原本可以大有作为的人，最终在默默无闻的奉献中埋没了自己的才华，失去了许多成功的机会。因而，作为聪明的下属，我们要学会表现自己，将自己的才干推销出去。

吴军是一家出版社的职员，前几日，上级决定于举行演讲大赛，每个单位都要推荐一个人参加。虽然吴军所在部门年轻人很多，然而很多人都不敢报名，纷纷找借口推辞。在这种紧要关头，吴军主动请缨，要求把这个任务交给他，领导很欣赏这种精神，当即应允。这一举动无疑是替领导解决了难题，因而获得了领导的赞赏。

当吴军接受任务之后，为了能够出色地发挥自己的水平，他从选题到编写

都花费了很大的工夫。最后，他还专门请教一些前辈来指正自己演讲时存在的问题。“功夫不负有心人”，在他的努力下，他的演讲水平在很短时间内有了突破性提高。

演讲进行得很顺利，他出色的表现为自己赢得了很多掌声，并取得了大赛第二名的好成绩，这下吴军成了全社的焦点人物，当然也得到了领导的关注。在公司选择工会干部时，领导把他作为第一人选。最终，经过他的努力，他成功获此职位。

在这个故事中，普通员工吴军十分懂得表现自己，他通过演讲比赛获得领导的好评，同时受到领导的信任与器重，使得领导推荐他为工会干部。吴军之所以会成功，就在于他能抓住时机表现自己，被领导所欣赏。这个故事告诉大家，如果你也想做大事，就要学会表现自己。

生活中，每一个人都有自己的长处，也会有自己的短处。如果你也想成为上司所欣赏的人，就要懂得在重要时刻展现出你的优点和长处。一个人善于表现，可以吸引上司的注意力，使才华更容易被发现。当然，聪明的下属在表现自己时，还要注意以下几点：

第一，表现自己的才能，要落实在实际行动上。

无论一个人有多大能力，如果总是在口头上夸大其词，做起事来拖拖拉拉，上司交办的任务催办多次也完成不了，那么这些行为都会降低对方对你的评价。因而，要做一个上司赏识的人，就要从此刻起办事干净利落，多用行动来表现自己的能力，这样才更容易得到赏识。

第二，向上司表现自己的才能时，要注意说话有度。

生活中，有些人为了表现自己，总喜欢向他人吹嘘自己的本领，这样的言行只会令自己失信于人，即使暂时得到上司的认同，也最终会在现实面前露出马脚，到头来，只会让自己失去领导的信任。

第三，向他人表现才能时，保持低调，更有利于行事。

即使你的才华再好，如果不懂得低调，总喜欢显露自己的才能，也会被人误认为是自大狂妄之人，不利于树立良好形象。要知道，一个恃才傲物、盛气凌人的人，是无论如何也不会受上司重用的。因而，想被上司欣赏，就要学会低调对待自己的才华与能力。

无数实践证明，如果一个人能够巧妙地表现自己的才华与能力，有助于被上司发现，并委以重任——前提是要掌握表现的技巧。通过上面的学习，相信你也可以学会在上司面前正确地表现自己。如果能够做到这些，相信不久的将来，你也可以成为被上司欣赏的那个人。

管住自己的嘴巴，别张口就来

语言是人与人交流思想的工具，通过它，可以达到心与心的交流。然而，正是因为有了语言，也就有了事非。语言用得多了，有时也会成为各种祸端的起因。要知道，一个人说出去的话就像泼出去的水一样，是很难收回的，因而，与人沟通交流时要做到慎言。

说话是一门学问，会说话则是一门艺术。常言道，病从口入，祸从口出。如果一个人不会说话，很可能会因此而引来灾祸。古人要求人们要慎言，也就是出于这个原因。当然，这个道理不仅适用于日常生活，与领导的相处同样适用。与领导相处时，说话前要多加考虑，切不可信口开河，管好自己的嘴巴是根本，否则很可能因为一句话而失去重要的东西。

古时候，有一个皇帝认为只有自己的国家才是最强大的，国内的制作技术

也是世界一流的，尤其是制作出的绳子更是无可匹敌的。这话传到一群外商耳中，自然引起一番争执，他们认为该国的绳子比不上他们国家的绳子，最后，他们还到处散播这种言论。听到这些，皇帝自然十分气愤，一怒之下就把这些人给抓了起来，并且判商队头目以绞刑。

这天，商队的头目被押赴刑场。谁想到，在绞刑的过程中，此人不断挣扎，几经努力，终于挣断了绞刑用的绳子，重重地摔到在地上。在封建社会，如果遇到这种情况，人们通常都会认为是上天的旨意，那么，犯人也会得到赦免。商队头目自然也知道这一点，所以更加肆无忌惮，冲着围观的人群说道：“看看，这就是你们国家制造出来的绳子，连个人都吊不住，连个小小的绳子都不会制造，你们还会制造什么？”听了这些，周围的人都感到气愤，更别提负责监斩的官员。

监斩官员把绞绳断裂的消息告诉皇帝后，碍于祖宗定下来的规矩，皇帝本应亲题赦免书；然而，听到商队头目说出的那些话后，皇帝气愤不已，顿时把赦免书撕个粉碎，决定让事实证明本国的绳子结实。于是，第二天，这个人再次被推上绞刑台，这一次，绳子并没有断，他死在了绞刑台上。

在这个故事中，商队头目被处以绞刑，幸亏绳子断裂才得以留下一条命。他原本可以受到意外赦免的，然而，他并没有见好就收，反而不知深浅地继续揶揄绳子不结实，最后葬送了自己的生命。事实上，商队头目之所以结局如此，正是缘于他这张嘴。如果他能够管好自己的嘴巴，也不至于会落得如此下场。

那么，与领导的相处中，我们要如何管好自己的嘴，防止祸从口出呢？

第一，面对领导的问话，要从多角度思维，避免失言。

无论我们是否愿意，在人际交往中，我们常常会讲错话，并由此带来人际交往中的是非。所以，作为聪明的下属，我们与领导相处时要保持平常心，同

时，要根据领导的性格特征来改变回答的方式或方法，这样才能使你说出的话中肯而又得体。

第二，说话要讲究实际，不应根据自己的猜测来发表见解。

与领导相处过程中，下属所说的话要做到有理有据，这样才能保证你的语言有说服力。如果不加选择地信口雌黄，根据自己的经验或感觉"想当然"地说话，势必会出现偏颇与失真的情况，如此自然会影响到你在领导心目中的形象。当然，如果遇到一时难以掌握而又非"表态"不可的情形，那么，选择一些模糊的语言，效果反而会好一些。

第三，管好自己的嘴巴，注意讲话的内容，也很重要。

说话是一门艺术，同领导说话更是如此。与领导相处时，不仅要注意说话的方式，而且要注意说话的内容。总体上来讲，说话时要学会根据对象与场合说话，这样才能避免引起不必要的麻烦；同时，还要注意说话的内容，一些有损于领导形象与破坏双方关系的话不要说，只有如此才能避免说话带来负面影响。

说话也是一种技巧，然而并非所有的人都能够掌握上述三项技巧。有些人常常因为管不住自己的嘴巴而伤了他人，也伤了自己。因而，要做一个聪明的下属，就要从此刻起学会管好自己的嘴巴，避免祸从口出。

第12章　温和低调：宽以待人，与同事和谐相处

工作中，搞好与同事间的关系很重要。如果你对同事冷漠，同事同样也会对你冷漠，那么“受冻”的将是你自己。在工作中与同事搞好关系的第一步是做好本职工作，这样同事才会认为你是一个本分、务实的人，才会放心与你交往。但是，在展露自己才华的时候，要注意不要和同事“抢功劳”，要以和为贵，处理好同事间的矛盾，化干戈为玉帛，与同事和谐相处。要做到公私分明，即使你讨厌对方也要尊重对方。有事情要大家一起商议，切忌搞小团体。如果公司出现了小团体，要远离，以免上“贼船”。总之，要以和为贵，与同事和平共处，良好的人际关系能让你工作起来更舒心，也令你更容易获得成功。

尽全力工作，但不必为他人代劳

作为一名员工，也许你学识渊博，也许你才华横溢，但是最重要的还是做好自己的本职工作。有些人经常放着自己手中的事情不做，或者在完成自己工作的情况下，去做他人的事情。这类人中有的是想借此炫耀自己的能力；有的则是过于热情，想通过帮助他人搞好人际关系。想炫耀自己的人当然会招来别人的反感，因为此类人在炫耀自己的同时忘记了他人正在受到无形的贬低；而极度热情的人在完成他人的工作时，往往也剥夺了他人展现自己能力的机会。

在中国的历史传说中，有一位杰出的领袖叫尧。在尧的领导下，人民安

居乐业。尧很谦虚，当他听说隐士许由很有才能的时候，就想把领导权让给许由。尧对许由说："日月出来之后还不熄灭烛火，烛火和日月比起光亮来，不是太没有意义了吗？及时雨普降之后还去灌溉，对于润泽禾苗不是徒劳吗？如果您担任领袖，一定会把天下治理得更好，我占着这个位置还有什么意思呢？我觉得很惭愧，请允许我把天下交给您来治理。"许由说："您治理天下，已经治理得很好了。我如果再来代替你，不是沽名钓誉吗？我现在自食其力，要那些虚名干什么？鹪鹩在森林里筑巢，也不过占一棵树枝；鼹鼠喝黄河里的水，不过喝饱自己的肚皮。天下对我又有什么用呢？算了吧，厨师就是不做祭祀用的饭菜，管祭祀的人也不能越位来代替他下厨房做菜。"

尧很谦虚，想将天下的管理权交给贤人许由。许由也很识趣，表示既然尧已经治理得很好了，自己并不属于管理者一类的人，何必越俎代庖。这个传说很鲜明地告诉我们要做好自己的本职工作、不要越俎代庖的道理。在日常工作中，要认真做好自己的本职工作，如果你由于精力过于充足而去做同事的工作，那么，即便做得好，同事也不会说什么，最多是客气地向你表示感谢，并委婉地暗示下次不要这样做了；而若是做坏了，不仅会帮倒忙，给同事带来麻烦，还要背上"多管闲事"的罪名。

工作中的机会不是常有的，每个职场中的人都需要借这些机会获得成功，证明自己。所以，在机会出现的时候，要让应该得到机会的人好好地把握，不要出于热心或者其他目的去干预或者争抢机会，要让人们自己去应付，竞争需要公平。在同事需要帮助并请你帮助时再动手，否则就用善意的语言作为鼓励，对于你的好意，同事也会心领神会，对你心存感激。所以，工作中要各司其职，做好自己的本职工作，不要随便做同事的工作。

冷漠待人，你也无法得到支持

在职场中，我们需要与同事相处并进行良好的沟通，这样才能有融洽的人际关系，才能使你的工作充满动力。如果你因为一些自己的事不开心，又不愿意与别人说，一直对人冷冷淡淡，那么同事会认为你对其有什么意见，你就会逐渐被疏远。如果你真的对某个同事有意见而故意对其冷淡，那么同事也会因此而对你冷淡，最终“受冻”的还是你自己。所以，如果有意见，应当和同事进行恰当的沟通，这样才能化解误会，增进感情，获得良好的人际关系。

刚大学毕业的小珍满怀热情和雄心地来到一家生产数码设备的公司工作，本想通过自己的努力大干一番，但是没有想到刚一到公司就遭遇了人际关系问题的困扰。

公司的同事总是很忙碌，这倒没有什么，但是同事们在忙碌时对她的态度很冷淡。在面对面走过时总是装着没看见，从来不会与她打招呼；她主动打招呼，同事的反应也总是冷冰冰的，有几次对方甚至都没有反应。小珍感到自己自讨没趣，于是之后也装着没看见，但是这让在大学时总是与人热情相处的小珍感到非常不适。在激烈的思想斗争中，她失去了方向，久而久之，小珍感觉身心疲惫，工作上也渐渐没有了当初的激情。后来，小珍和朋友倾诉了自己的苦恼，并得到了朋友的指点，于是小珍开始逐步改善与同事间的关系。

小珍经常买些吃的和同事们一起分享，有什么不明白的问题就虚心请教，别人需要帮助时就主动上前伸出援手。渐渐地，人们在与小珍接触时脸上的冰冷不见了，而是洋溢着温暖的微笑。人际关系问题解决了，小珍的工作变得顺利了许多，而且取得了不错的成绩。

小珍的人际公关行动是成功的，她最终成功地和同事们打成一片，工作也得到了促进。也许是工作的压力太大了，也许是小珍当初的沟通不够，但是无论怎样，小珍那些同事面对新人的做法都是欠妥的。要知道，我们每个人在遇到类似小珍所经历的情况时都会像小珍一样苦恼，所以我们不应该对自己的同事冷漠。当你对同事冷淡时，同事也会冷淡对你，长此以往，你的人际关系就会僵化，最终影响你的工作。

小超和小丽在同一个办公室，小超刚从学校毕业来到公司，小丽则已经工作了5年之久。起初，两人关系还不错，还一起去买折叠床放在办公室里，中午休息用，经常一起去食堂吃饭等。后来，小超和办公室其他几个女孩子搬到楼下一个空闲的办公室午休，但是小超一时疏忽没有叫小丽一起搬下去。后来，小超发现主任对小丽的态度不太好，可能是因为她工作了6年仍不怎么出色的缘故。主任对小超的态度很好，经常鼓励她，觉得她刚毕业，是可塑之材。但是小超没有什么谄媚之举，只是对本职工作认真负责，不懂就问。可从此，小丽对小超的态度越来越冷淡，从无话不谈变为几乎形同陌路，工作上两个人经常出现不合拍的现象，极大影响了工作效率。直到后来小超主动找小丽谈，才化解了彼此之间的误会。

小丽得不到赏识，内心有些许的挫败感是可以理解的；但是，她对小超的冷漠让两个人的关系无缘无故地从好变坏，影响了工作，这是得不偿失的。我们要像小超一样，有问题主动沟通，不要耽搁，因为，时间一长，误会就会加深，就真的变成了矛盾，俗话说“夜长梦多，迟则生变”。

在交流中，我们要调整好心态，不要总是看谁不顺眼就对谁冷淡。即使知道对方对自己有意见，也要若无其事地和其交往，然后多观察，争取慢慢地去了解他，主动地和他交谈，从而化解彼此间的矛盾。对一个人冷淡会让对方感到敌意，同时，自己总把事情憋在心里，也是很难受的，所以，不妨和对你有意见的人或自己对其很有意见的人去个轻松的场所，打开天窗说亮话。冷淡同事，“受冻”的将是你自己；把埋在心里的话都说出来，有利于彼此间消除误

会和矛盾，加深感情，促进工作的顺利开展。

敢于表现自我，但切忌争功

工作中，你要想有好的发展，就要使人们知道你有真本领。展露才华是好事，因为可以由此让管理者对你有一个全新的了解，可以让你获得更多的机会以施展你的本领。不过，在展露才华的时候要注意方式，我们可以将自己取得的成绩展示给领导，但是不要和同事抢功。和同事争功不但会使人际关系被破坏，还会使领导对你的人品产生怀疑，甚至导致成果付诸东流，带来不必要的损失。

小青和小梅都是公司里的得力干将。平时，小青签字的材料要交给老板，在交之前，需要同事小梅查看一下，结果小梅经常把小青签字的材料重新打印一次，签上自己的字，然后交给老板。老板在签字的时候看到小梅的签字，就以为是她做的报告。小青发现以后，就让小梅查看自己的材料以后再交还给自己，然后直接拿给老板。另外，有好几次，小青在报告里输入数据后，小梅核对说数据不符，结果一看果真不符。小青心里纳闷："当初我输入的时候怎么就是相符的呢？"后来发现原来是小梅修改了数据的一部分，让其最终结果不相符。小梅平时也总喜欢抢小青的工作，而小青的解决办法就是比她快。别人发给她们的邮件，小青总能比小梅回得快，回得全。最后小梅没有了办法，只得放弃。

从这个例子中，我们看出小梅非常爱抢别人的工作成果，喜欢据别人的功劳为己有，这样做显然是失当的。自己辛辛苦苦的劳动瞬间就化为别人的成果，换成谁都会感到不平衡，所以，在平时的工作中，我们要展现属于自己的

功劳，而不要去抢同事的功劳。在这里要特别推荐小青的工作方法，她在面对同事争抢自己功劳的时候，没有向对方发火，而是运用了非常智慧的方法。这使得她的态度一直非常积极，工作按部就班，并不断取得新的成绩。

郑军和一个女同事是同一年进入一家公司的，那个女同事非常积极，什么工作都揽到自己那里做，包括本属于郑军的工作。本来他们共同负责一个项目，可这个女同事几乎没有留给郑军什么可以做的工作。在向领导汇报时，女同事自然口若悬河，根本不给郑军任何表现的机会。郑军性格比较内向，女同事则比较外向，和周围的其他人接触多一些、关系比较好一些，所以，郑军拿她没有办法。最后郑军不得不听取了朋友的意见，到经理那儿诉苦。

郑军并没有说谁抢他的工作，自己没有事情做，而是以正面的形式说某某工作非常积极，非常享受这份工作，所以在做工作的时候，总是争取做更多。这个积极的精神真的很好，不过这样使得自己的工作量变得很少，空闲的时间太多，所以请经理考虑一下给自己新的工作。因为自己和某某一样，也非常希望能为公司做更多的事情，学习更多的知识，积累更多的经验。最后经理查出了事情的原因，使得那个女同事有了很大的收敛。

郑军遇到的女同事很强势，不但自己的工作完成得迅速，而且毫不客气地将郑军的工作拿过来自己做，功劳也都往自己身上揽。面对这样的同事，郑军的内心肯定是复杂的，当然，他最后的处理方式还是很成功的。在日常的工作中，为了不给同事增添烦恼，也不给自己找麻烦，我们还是不要抢同事的工作为妙。

在同事取得成绩的时候，要怀着一颗积极的心态祝福同事，即使你很羡慕这些成绩，也不要嫉妒，更不要去抢，正确的做法是自己加倍努力，把同事当成自己努力的目标，从而使自己获得更大的成绩。这样做，不但不会让同事因为你的成功而对你心生不悦，还能赢得他人的尊重和敬佩。如果你能在别人

取得成绩时大度地祝福，事后自己努力取得傲人成绩，那么，不但会使你的能力得到广泛认可，同时，由于大家的积极努力营造了一种你追我赶、公平竞争的良好氛围，也有助于整个团体的快速发展与进步。所以，切记，可以显露才华，但不要和同事抢功劳。

从大局出发，与同事和谐共处

人们在对待自己喜欢的人时会非常自然，很愿意与其接近，并用微笑去与其交流。在对待自己讨厌的人时，会敬而远之，总是想办法避开，或者对其态度非常恶劣，充分表现自己的厌烦之情。在工作中，对待你讨厌的同事时，不要将你的厌烦摆到明面上，不要什么都不顾地尽情发泄自己的不满，要顾全大局，照顾人们的情绪，公私分明，尊重你讨厌的同事。

杨帆本来在公司的执行部工作得很好，直到碰上了一个让她反感的同事——客户部的陈圆圆，名牌大学毕业，一进公司就张扬得不得了。不过，老板很看好她，没过多久，陈圆圆就成了客户部的经理，成为杨帆要经常合作的同事。陈圆圆自从当上了经理就更加目中无人，在工作过程中，她总会找出各种理由来挑杨帆工作中的毛病，或者说一句轻飘飘的“我知道了”，这让杨帆觉得，自己费了那么大的精力做出来的成绩，到了她那里，根本就没什么了不起。但是当执行部有什么事情处理不当的时候，她就四处宣扬，直到把事情搞得全公司都知道才善罢甘休。为此，杨帆经常去总监那投诉，抱怨陈圆圆的为人，但是总监并没有理会杨帆的抗议，而是建议杨帆和她建立友谊，并说：“她也许为人张扬，但是人品和工作是两码事，她的工作能力也是很不错的，也有你可学习之处。”听了总监的话，杨帆渐渐地对陈圆圆变得友善了，甚至主动提出和她共进午餐。慢慢地，陈圆圆不再给杨帆挑刺，而是经常提醒杨帆各种需要注意的事项。遇到大的项目，两个部门还会坐下来平心静气地商量。虽然不可能是很好的朋友，但是杨帆明白，最起码大家不会再产生什么重大的“交火”事件了。

杨帆与陈圆圆之间由刚开始的一触即发到后来的心意相通，离不开二人的互相谅解。杨帆不喜欢陈圆圆，但是工作和私情毕竟要分开，况且陈圆圆的工作能力是得到公司广泛认可的，所以杨帆顾全大局，主动改善与陈圆圆的关系，这样的做法是正确的。在工作中，人们不能选择自己的同事，所以谁都不能保证同事说的话和做的事是自己喜欢的。当你的同事让你讨厌时，你要像杨帆一样保持克制，你可以与他一起喝喝茶，聊一聊各自心里的感受。沟通不是万能的，但作用绝对是明显的。你的容忍和礼让会让对方觉得你识大体，很有气量，从而被你感染，行为自然会有所收敛。所以，不要和你讨厌的同事像仇人一样见面就眼红，你们不必成为朋友，但是一个可以沟通的良好关系还是需要努力去建立的。

郑爽是一家公司的职员，她为人正派，表里如一，所以对公司的一名总是笑里藏刀的同事很是厌烦。开始时郑爽非常想当面斥责这个当面一套背后一套的家伙，但是她的想法被自己的一个朋友制止了，朋友帮郑爽分析了各种利弊，最后郑爽决定，对于这个笑里藏刀的同事，在工作中维持正常的关系，私下里则加倍防范。

郑爽开始的想法显得有些冲动，幸好在朋友的劝阻下没有施行。如果郑爽当面对斥责那位同事，那么不但达不到让其变成自己理想中的人的目的，而且很可能会使同事在暗地里对郑爽非常不满，寻找机会报复。所以，对待自己不喜欢的同事一定要尊重，因为他与你是工作关系，私下里不会影响你的个人生活，为了公司这个大的团体的发展，你要抛弃对一些人的成见。大家以和为

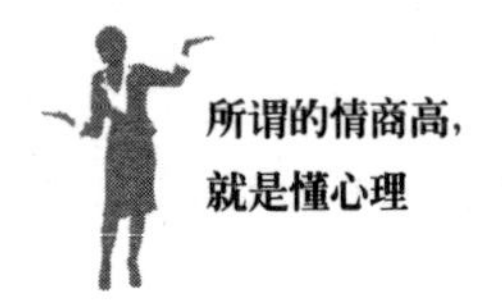

贵，和睦相处，才能营造一个团结奋进的大环境。

当你遇到让自己感到厌烦的同事时，不要一开始就妄下定论，毫不客气地上前给对方提意见，这样只会让对方察觉到你的反感，不利于以后工作的开展。要保持一个相对较低的姿态，无声无息地细心观察，发现对方的优点，然后针对优点进行沟通。这样一来，对方会发现你很有风度，懂得欣赏别人，从而对你产生好感，你不但避免了冲突，还能获得别人的赞赏。私下里我们可以随便喜欢或者讨厌一个人，但工作时就要抛开私人情感，把重点放在工作上。所以，即使你讨厌你的同事，也要对其给予足够的尊重。

出现矛盾争端，巧妙化解

人与人之间出现矛盾很正常，同事之间出现矛盾更是正常。矛盾之所以会阻碍顺畅人际关系的建立，是因为人们经常不能理性地面对矛盾，往往把注意力放到怎么才能保住自己的面子，怎么才能证明自己是对的、对方是错的这些方面上。这样一来，人们就很难想到怎么去解决矛盾，而总是为了一些没有意义的问题争论不休。矛盾在争论中只会继续加深，最终影响彼此的关系。所以，当矛盾产生时，不要急于去争吵，要理性地分析、巧妙地化解，不要让矛盾成为彼此之间交往的障碍。同事之间要以和为贵，处理好彼此间的矛盾可以打造和谐的人际关系，营造良好的工作氛围，无论对于个人还是公司都是有益的。

一位50多岁的女士在为一家出版公司工作了10年之后失业。她的位置被一位年轻的同事取代，而后者对此表现得十分冷酷，缺乏同情心。这位女士十分痛苦，所幸多年的好友和熟人都慷慨地为她出谋划策。几个月后，她得到了一份相当好的工作，在一家虽然小但实力很强的出版公司任总编。又过了两年，她先前所在的那家公司倒闭了，碰巧的是，曾经顶替她位置的那位年轻人如今到了她手下干活。带着满腔怒火，这位女士明确表示她和那个先得意后失意的人誓不两立，她要那个年轻人也尝尝痛苦的滋味，于是她不让他提出的任何一个选题通过，甚至在大厅里相遇时也不忘对他嘲笑一番。

这名女士先是遭遇了人生的低谷，在低谷中，顶替自己的新人非但没有同情自己，反而非常冷酷，让这名女士本就失落的心更加悲凉，那种痛苦是可想而知的。然而，人生充满了戏剧性，在这位女士摆脱了过去的阴影重新开始后，昔日的顶替者成为今日自己的手下，复仇心理驱使着这名女士要残酷地让其痛苦一番。俗话说“冤冤相报何时了”，你伤害我，我报复你，这样的恶性循环是没有止境的，最终的结果就是两败俱伤。如果当初那名顶替者没有那般冷酷，或者这名女士不计前嫌，那么结果会大不相同。所以，平时要以和为贵，用一颗真诚善良的心对待同事。在遇到矛盾时，只要有一方让一步，用一颗宽容的心去感化对方，让自己释然，双方的矛盾就会化解，最终获得和谐的人际关系。

小陈和小王是同一家保险公司的客户经理，两个人的业务水平都很高，工作态度也都非常端正。但是小陈的业绩总是比小王高出一大截，这让小王很是不快，逐渐地，小王开始在心里把小陈当作敌人。时间长了，这种敌意开始外露，小王会抓住小陈的各种失误，借机讽刺小陈，或者经常莫名其妙地给小陈出难题。小陈逐渐发觉了小王的敌意，于是主动约小王一起吃饭。通过与小陈的接触，小王了解到他家境很差，这让小王的心里有了些许同情；在受到小陈的鼓励时，小王彻底释然了，他们重归于好，矛盾被化解了。

小陈是一个宽容大度的人，他主动化解由于误会产生的矛盾，使同事之间的关系变得融洽，这是值得人们学习和借鉴的。在遇到别人的误解时，我们一

定要和其进行良好的沟通，这样才能化解彼此间的矛盾。如果你碍于面子而与其较劲，那么你们之间的误会会加深，矛盾也会加深，这样不但会影响你们的关系，也会影响工作。所以，不妨像小陈一样，用真心融化矛盾，与同事和谐相处。

产生矛盾的原因有很多，或者是误会，或者是一些其他的原因；解决矛盾的方法也有许多，只要你用心去寻找，矛盾终将被化解。当矛盾产生时，首先要理性地分析矛盾产生的原因；在发现问题的症结所在后，要主动采取化解矛盾的行动，可以采取直接的，也可以用间接的，总之要达到沟通化解矛盾的目的。这样一来，同事间的感情就会加深，关系自然就会融洽，工作也会充满激情。所以，工作中，要以和为贵，处理好同事间的矛盾，营造融洽的工作氛围。

光明磊落，职场不搞小团体

在职场，经常会出现几个有着共同利益的人结成我们常说的“小团体”的情况。这些人在小团体内部谋划着各种策略来维护自己，争取更多的利益。他们对小团体内外的人员态度有所区别，如果有团体外的人反对他们，那么他们就会把这个人设定为敌对目标，并采取各种有针对性的手段去刁难这个人。在公司里组建小团队是不正常的，这些人有时只顾局部利益，不顾全局利益，使得人们不能团结一心，处于分裂状态。若这样的团体长期存在，公司怎么能快速向前发展？所以，有事要摆明，大家一起商量；不要搞小团体；发现小团体，就要远离小团体。

经过几年职场奋斗，王琳跳槽到广州一家美资化妆品公司当市场部副经

理。本以为凭借着这几年的丰富工作经验和专业水平能在新公司里有一番大作为，可是没过3个月，她便发觉事情不是她想的那么简单。部门里同事间关系复杂而微妙，不少人结成小团体，而首脑就是她的搭档、市场部的另一名副经理，这让她感到很为难。

王琳做事喜欢就事论事，在工作中不会偏袒任何人，也因此而得罪了那位副经理的小团体，同事们常常在决策时偏向那位副经理。最近，王琳在一项重大发展计划方案的竞争中败下阵来，公司采用了那名副经理的计划，原因在于部门的大多数人都投票支持那名副经理。

对于这个结果，王琳既惊讶又愤怒，她自己一直认为那个方案非她莫属。无论学历、资历还是业绩，王琳都占优，更重要的是她的计划方案确实比那名副经理的更加可行。

王琳以前一直觉得外企是块净土，不需要搞关系，只要干出成绩就可以得到同事的认同与上司的赏识，没有想到自己一不小心就陷入了尴尬境地。她刚坐上新的管理位置，该做的事情本来就千头万绪，偏偏遇上这个“小团体”问题，想要大展身手更是难上加难。

从王琳的例子中我们不难看出小团体对于一个公司的危害有多大。王琳因为“小团体”的阻碍，不能得到重用，这是对人才的浪费。在设计方案上，因为“小团体”作祟，好的方案反而被拉下马，不得不叫人痛心。在工作中，在发现“小团体”时，我们要注意仔细观察，把“小团体”的构成和一些具体情况摸清，结合公司的大环境作理性的分析，然后制订一套属于自己的方案，使自己既不被“小团体”影响，又能保持独立性，促进工作的开展。总之，要想避免麻烦，就要远离“小团体”。

王凯是企业里的新人，他深知老员工或老同僚难免对新人会心存几分排斥。于是，他在公司的作风就是少说话、多做事。看到部门里存在“小团

体”，他更是学会了绕行，既不得罪别人，又使自己努力工作的机会得到了落实。没过几个月，王凯就升迁了。

王凯是精明的，他知道哪些是该做的，哪些是该远离的，这也是他不受“小团体”影响、较快升迁的主要原因，很值得人们学习和借鉴。

一般“小团体”的后果都不会很好，比如，新人在加入“小团体”后，很难得到领导和资历较老的同事的信任。因为领导和资历很老的同事都希望新人能很快地融入公司这个大的团队，与所有的同事打成一片；而新人加入“小团体”后则会不服从领导，个人主义上升，对公司的发展危害颇深。“小团体”发展到一定的程度，必将引起管理者的注意和重视，此时，管理者就会采取手段瓦解“小团体”，比如，辞退一些人，对某些人进行降职、罚薪等处罚。

在公司，工作态度要端正，为人不要过于张扬，经常向资历比自己老的人虚心请教，这样不仅能建立良好的人际关系，而且能避免“小团体”的迫害。一个公司的“小团体”往往会找那些锋芒毕露的人开刀，而当你保持低调时，你相对于“小团体”就是弱势，就不会引起太多的注意，也不会成为攻击的对象。这种“小团体”会影响个人的长远发展，而对于组织来说，则是因小益而失大利，最终影响了大的团结，所以我们要远离“小团体”。

第13章 结交贵人：胆大心细，贵人是成功的助推器

人的成长离不开自身的努力，但是很多时候只靠自己是很难成功的，因为社会是由人组成的，这就要求人们要和他人打交道。因此，要想获得成功，除了自身的努力外，还离不开一些人的帮助，我们习惯将这些能助自己一臂之力的人称为“贵人”。如果你还没有获得成功，很多时候不是因为你没有才华，而是因为你还没找到你的贵人。为了不使自己被埋没，你要转被动为主动，毛遂自荐，让贵人发现你，从而进一步拓展人脉、结交贵人。所以，你要学会用攻心术把握住你的贵人，不要因为错失良机让贵人与你擦肩而过。

有贵人协助，就是找到了捷径

对于任何人来讲，想获取成功，自身的努力都是必不可少的，然而，我们会发现，一些人一天到晚忙得不可开交，却总是收效甚微，与成功的距离总是那么远，以致于总是非常苦恼。其实，成功是可以抄近路的，一个人的成功除了自己的努力外，还可以靠“天时”，可以借“地利”，更可以凭借“人和”。“天时”和“地利”不是我们能掌握的，但是“人和”是我们可以利用条件创造的。多结交贵人，为自己争取更多的机会；把握住这些难得的机会，你就会离成功更近一步。

结交贵人能助你走向成功，贵人相助能够缩短你奋斗的时间。贵人能帮助你开阔视野，启迪心智，让你不再鼠目寸光，不再一叶障目；贵人能够指点迷

津，发掘捷径，让你少走弯路；贵人还可以为你提供更多的机会，使你有施展才华的舞台。结交贵人能使你的事业一帆风顺，能够为你创造更多的可能，他会不断地激励你，使你获得足够的勇气，力争上游，奋发向上。

贵人还能给你积极的影响。克林顿在17岁的时候遇到肯尼迪总统，后来决定竞选总统。在见到肯尼迪总统之前，他读的是音乐专业，自从遇到肯尼迪总统后，克林顿决心从政。如果他当初遇到的是猫王，可能永远也当不了总统。也就是说，一个人的成功与一个人的交际环境相关联。对很多人来说，之所以消沉和失意，是因为他们处在一个消极的人际环境中，他们与失败者为伍。

结交贵人固然重要，但是要讲究方法。

一名北大的学生，毕业后给一家大公司的老总写了几封信，剖析了该公司在东南亚市场的发展利弊，明确地表述了自己能够给公司带去什么。老总非常赞同他的观点，将这名大学生招入了旗下，并且，这名大学生很快就得到了晋升。后来，很多大学毕业生模仿这名大学生给这个公司的老总写信，信中不乏热情洋溢的辞藻，但结果都是杳无音信。

后来，人们发现这其中的区别就在于第一个给那家公司老总写信的大学生清晰地知道自己要干什么，也深知结交贵人之道。

要知道，每天会有很多少人给那个公司的老总写信，而他的秘书只会把其中的几封转给他阅读，可见能被老总阅读的已经是凤毛麟角。这些写信的人中，可以说，有想法的很多，能实际做到的也不少，但真正能做成的少之又少。关键还是一点，你能给公司什么，说得直白点就是你有什么样的价值。

所以，在结交贵人时，最好要对其有比较透彻的了解，能很好地对其作出较为详细准确的分析，这样一来，不但自己心里有底，能比较有针对性地与之进行交流，而且能起到吸引注意力的作用。最重要的一点，那就是要把自己的才能展现出来，让人们认识到你的价值，这样才能让贵人相应地提供给你施展才能的舞台。所以，在结识贵人时不要遮遮掩掩，若贵人无法对你有充分的了解，自然就不会给你提供施展才能的机会。机会在于创造，更在于把握，结交贵人，把握住机会，会使自己离成功更近一步。

另外，在结交贵人时，要有足够的耐心和坚定的信念，指望一次就如愿以偿，是很不现实的。要做好持久战的心理准备。很多人在第一次尝试失败后就顿足捶胸，恨天怨地，并发誓再也不去追寻那个“自命不凡”的贵人，结果与成功失之交臂。在遭遇挫折时不要气馁，要越挫越勇，跌倒后马上爬起来，这样才能赢得人们的尊重，获得赏识，结交贵人的机会才会更多。

曾经一份报告指出：一个人赚的钱，12.5%来自知识，87.5%来自人脉；一个人事业的成功，80%归因于与别人相处，20%源于自己的心灵。所以，如果你想要成就一番事业，就不能忽视构建能够支撑你梦想的人际关系网络的重要性。发现你的贵人，结交你的贵人，让贵人发挥作用，这对于你的成功是必不可少的。

一个人是否成熟的表现很大程度上在于是否已经开始收获自己的人脉，结识属于自己的贵人。一个人的知识和经验是逐步积累的，一个人的精力是有限的，想要创造成功的人生，仅有个人的勤奋与努力是不够的，贵人的帮助非常重要。

关键在于自己要努力做一匹千里马

很多人才华横溢，但是没有被人发现，他的才华无处施展，结果被人们认为是没有才华的人。一个还没有机会施展自身才华的人不要妄自菲薄，因为自己不是没有才华，只是没找到识“货”的人，就像那匹宝马还没有遇到伯乐。

所以，要让自己的才华得以展现，让人们对自己有正确的认识，就要充满耐心与毅力，找到能识出自己的贵人。

人们都知道袁隆平，这位“杂交水稻之父”的事迹可谓世人皆知。这位对中国做出历史性贡献的杰出科技人物，离不开一位伯乐的大力举荐和鼎力支持，这个人就是严谷良。1981年至1988年，严谷良时任国家计委科技局建设处处长，在他的尽力促成下，20世纪70年代末，国家投资500万元给当时受排挤的农科员袁隆平，使其独立创办杂交水稻研究所，从而让中国的一半稻田种上杂交水稻。从这里我们不难看出，袁隆平在之前不是没有才能，而是因为受到排挤和压制，没有遇到贵人，没有发挥的机会。但是袁隆平没有气馁，直至遇到了严谷良。严谷良的一双慧眼一下子就发现了袁隆平，并使其获得了巨大的发展，从而造福了全国人民，造福了全人类。

在这个世界上，有一种东西叫“成功”，人人都想得到它。可是现实是残酷的，只有努力为之拼搏，发现自己的贵人，才可能有所成功。在这个过程中，每个人都必须相信自己的才华。古人有天时地利人和之说，现在也有机遇之谈，也就是说，一个人要想成功，除了有才华之外，还要有机遇，有贵人发现自己。

一天，一匹黑马对众马说：“我要去寻找伯乐，你们去吗？”其他马听了说：“如果我们是千里马，为什么要去寻找伯乐？你不是千里马，又何必去寻找伯乐？你找到了伯乐也不会成为千里马！”众马的话不是没有道理，但黑马还是决定去寻找伯乐。黑马翻山越岭，风餐露宿。一天又一天，一年又一年，虽然辛苦，但是它并没有消瘦，反而因为长久的奔跑变得更加强壮，腿脚也更有力了。黑马跑了许多路，但还是没有找到伯乐，于是它开始往回跑。黑马回到了原来的地方，众马围了过来，幸灾乐祸地问它：“你找到伯乐了吗？”黑马说：“没有找到伯乐，但是我的收获很大！”众马便问：“你没有找到伯乐，能有什么收获？”黑马说：“经过这些年月的奔跑，我成了千里马，更重要的是，我发现了自己就是自己的伯乐。”众马似懂非懂，便问道：“自己的伯乐？”黑马说：“作为一匹马，我们不能等伯乐来发现自己，要自己发现自己，自己成就自己！”这回，众马懂了。就在黑马回来后不久，伯乐就来了，伯乐是特地来找黑马的。

千里马常有，伯乐不常有，这是很多人的感叹。在工作和生活中，一些人经常以此为理由不断地埋怨，自己工作那么努力，也取得了不错的成绩，为什么就没有得到领导的肯定与赞扬！于是，他们自怨自艾，自暴自弃，认为努力都是白费的，自己的才能是不足的。其实这样做是错误的，寻找伯乐是一个过程，也许这个过程有些漫长，甚至充满艰辛，但是在这个过程中，我们不能否定自己，要给自己信心，确信自己的能力。就像那匹黑马，首先要自己肯定自己，自己做自己的伯乐。在寻找伯乐的过程中，黑马锻炼成了千里马，并最终被伯乐选走。所以，不要因为一直没有成功就否定自己，不是我们没有才能，而是还没有遇到能发现我们的贵人。

“天生我材必有用”，不要整天抱怨，不要时刻苦闷，要执着，要努力寻找自己的贵人。大仲马年轻时没有什么值得人们注意的才华，但是，一个编辑发现他字写得非常好、便提携他当了作者，从此就开始了让自己声名远扬的创作生涯。很多时候，没人认为你是千里马，是因为你没有跑出千里马的威风，如果想早点遇到伯乐，那就使劲跑出来，让普通人也能看出你是千里马。要相信自己是一匹千里马，只不过还没有遇到伯乐。

心眼明亮，别错过了贵人

贵人对一个人成功的重要性不言而喻，所以我们一定要努力寻找。当发现

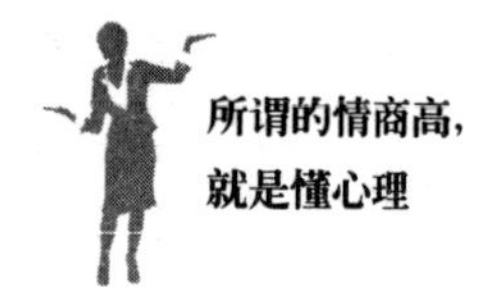

贵人时要努力地与其结交，好好把握，不要因为一些疏忽或者失误而与贵人擦肩而过。因为当发现贵人在还没有被你把握住的时候就已经离你远去，或者当贵人已经离开你才后知后觉时，你都会感到后悔莫及。不要给自己留下遗憾，认真仔细地对待，发现贵人，把握贵人，抓住那些不能轻易得到的机会，从而成就自己的事业。

《放牛班的春天》是一部非常感人的电影，这部电影使很多失落的心灵得到了安抚。片中的助教克莱门特是一位才华横溢的音乐家，但是他刚来到学校时，面对的是一群问题少年。克莱门特没有因此而放弃努力，他用自己独特而巧妙的方式打开了学生们封闭已久的心灵。这些孩子中，皮埃特的性格最为怪异，让人非常头疼，但是克莱门特用自己的真诚和爱心感化了这只迷失已久的“小羔羊”。皮埃特本就拥有天使般的面孔和亮丽的歌喉，在克莱门特的循循善诱之下，皮埃特的音乐天赋被充分地发掘，可以说克莱门特是皮埃特音乐道路上的一位伯乐。

从这个故事中，我们可以看出克莱门特这位贵人对于皮埃特的重要性，如果没有克莱门特，恐怕皮埃特会继续迷失下去，找不到人生的方向。现实生活中，很多人都希望自己也能像影片中的皮埃特一样幸运，遇上一位懂得赏识自己的伯乐，以实现自己的梦想。

在工作和生活中，要想获得一定的成就，往往需要高人指点，因为这些人能慧眼识人，而拥有这一本领的人就是我们常说的贵人。谁都希望能找到自己的贵人，所以当贵人出现在自己身边时，千万不要轻易放过，睁大你的眼睛，把握你的机会，不要让贵人与你擦肩而过。

一位叫作亚伦·桑德斯的先生对卡耐基说：“我今天之所以小有成就，一切都要感谢我的老师保罗·布兰德威尔先生，我在他的课堂上学到了人生最有价值的一课。”他告诉卡耐基：“那时候我才十几岁，却经常忧愁，为各种

事情担忧。我常常为自己犯过的错误而自责。交上考卷后，我常常夜里睡不着觉，不停地咬我的指甲，心里想着要是不及格了我该怎么办。对于那些我做过的事情或说过的话，我会经常想，要是当初我没做该多好，或者那些话当初我没说该多好。”

一次生理卫生课上，保罗·布兰德威尔老师将一瓶牛奶放在办公桌边。正当大家望着那瓶牛奶发呆时，他却突然站起来，将好端端的一瓶牛奶击碎在水槽中。然后，保罗·布兰德威尔老师大声说道：“不必为已经打翻的牛奶哭泣。”然后，他让全班学生都到水槽边看那打碎的牛奶。他对大家说：“你们好好看一看，我就是要你们永远记得这一课。现在当然看得出来，这瓶牛奶已经漏光了，它已经没有了，不管你再怎么可惜、心疼、抱怨，都没办法再救回一滴。现在我们要做的，就是动动脑子，想想以后怎样预防此类事情的发生，尽力寻找保住牛奶的办法。但是现在这瓶不行，一切都太迟了，这瓶奶已经确定没有了。我们能做到的就是努力忘掉这件事，开始关注下一件事。”

亚伦·桑德斯对保罗·布兰德威尔老师的这些举动和这一番话记忆深刻。它对桑德斯的教诲作用，实际上要远远超过他同时期学到的其他知识。这使他明白了这样一个道理：尽最大可能不去打翻牛奶，万一不小心打翻了以至于牛奶漏光了，就该彻底把这件事情忘掉。

老师对一个人的成长尤为重要，尤其是对孩子们来说，遇到良师益友要比捡到金子还重要，因为这会对其整个一生产生深远的影响。正如李嘉诚所说：“良好的品德是成大事的根基，成大事的机遇是靠遇到贵人。”

我们事业的成功，除了需要良好的个人素质之外，还需要贵人的帮助。好莱坞流行一句话：“你成功与否不在于你是谁，而在于你认识谁。”我国自古以来也有“贵人相扶如天助”的说法。中西方文化差异不言而喻，但在贵人这一点上有如此近似的理念，可见贵人对于人们的成功至关重要、功不可没。大家要擦亮自己的双眼，学会成功抓住、结识贵人的机会，让自己在通往成功的道路上多一些平坦、少一些坎坷。

毛遂自荐，给自己一个机会

是金子总会发光不假，但是现如今社会飞速发展，人才济济，金子太多了，所以，要想让别人看到自己的光芒，就得主动去展示。不张扬、沉稳处世当然会显得有深度，但是在接触机会本就非常少的情况下，不主动展示自己的才能，是很难让人们认识自己的。转变自己的传统思维，主动展示自己的才能并不是傲慢和炫耀，而是为自己争取被贵人认识的机会。因此，我们要懂得毛遂自荐，主动推销自己，让贵人一眼就看到你。

世界男高音帕瓦罗蒂到北京音乐学院参观访问，很多家长都想让这位“歌王”听听自己子女唱歌，目的就是拜他为师。出于礼节，帕瓦罗蒂只得耐着性子听，一直没有表态。

黑海涛是农民的儿子，凭着自己的刻苦努力考入这所著名的音乐学院，他也想得到帕瓦罗蒂的指点，但他知道自己没有背景。难道白白浪费这么好的机会吗？黑海涛不甘心，他灵机一动，在窗外引吭高歌世界名曲《今夜无人入睡》。一直茫然的帕瓦罗蒂立即有了反应：“这个年轻人的声音像我！他叫什么名字？愿意做我的学生吗？”黑海涛就这样幸运地成为这位世界男高音的学生。1998年，意大利举行世界声乐大赛，黑海涛取得了第二名的优异成绩，由此成为奥地利皇家剧院的首席歌唱家，名扬世界。

如果黑海涛拘于一些类似自己是农民的孩子、没有背景不敢高攀的想法，那么他就不会鼓起勇气引吭高歌，帕瓦罗蒂也就不会发现他，千载难逢的机会

也就这样被白白地浪费了。在日常生活中，让贵人了解自己的最好办法就是像黑海涛一样，主动去展现自己。所以，当我们遇见贵人的时候，不要因为某些原因或者一些想法而影响自己的决定，畏缩不前，要大胆地毛遂自荐，展现自己，让贵人对我们“一见倾心”。

阿强去应聘一家广告公司的策划主管，由于该职位待遇非常丰厚，接待大厅被应聘者挤得水泄不通。此时，阿强灵机一动，走到入口处高声喊道：“请大家自觉遵守秩序，前来应聘的人排成三排！”应聘者看到阿强与公司的工作人员站在一起，以为他也是考官，便很快排好了队。阿强又把大家的简历收在一起，并把自己的简历放在最上面，这样阿强便得到了第一个面试的机会。此时，考官已将阿强的行为看在眼里，看了他的简历和作品后，便说：“你被录用了。”

不难看出阿强是一个聪明人，他很懂得利用环境以及该用什么样的方式来展现自己。毛遂自荐的方式不拘一格，所以每个人都要选择适合自己和最能展现自己的方式来自我推销。就像阿强，他的自我推销可谓极具创意，虽然一些行为有“犯规”嫌疑，但是他在面试前的行为被考官看在眼里，因此为自己加分不少。所以，在进行自我推销时不妨注意利用一下周围的环境。

自荐需要自信，因为你要在人们面前表现出一种强势，让人们知道你是强者，这样才能让人们知道你是有能力的，能够胜任工作。如果你畏畏缩缩，连半句话都不敢说，说话的声音很小，那么人们会认为你是一个无法承担重任的人。所以，当你自我推荐时，要充满自信。

在展现自己时要突出重点，即让别人知道你的竞争优势。你的优势会让你非常出彩，给人们留下深刻的印象，更重要的是这是你自我推荐的真正资本。

此外，一定要注意自信的尺度，不要过了头，否则就会变成傲慢。没有人喜欢一个目中无人的人，你的傲慢只会让人们更加疏远你，这无异于自己给自己掏红牌。强中自有强中手，高人背后有高人，我们一定要抱着一种学习的心态，拥有一颗谦虚的心。有实力，不张狂，这样的人才是我们俗称的“强人”，这样的人往往能得到人们的欣赏，是招聘者心中的得力干将。

不卑不亢，谦虚自信，在自我推销的过程中充分展现自己，让贵人识出你的真品质，获得贵人的欣赏和成功的好机会。

真心待人，让贵人主动帮助你

大家都知道被利用的感觉是很不舒服的，会有一种类似“被骗”的感觉。贵人的指点或者提携能使我们的事业更上一层楼，此时，贵人的作用就很明显地表现出来了。然而，在你感受成功喜悦的同时，贵人则会感觉到你在利用他的能力使自己成功。这时就需要我们做出一些情感回馈行动，以消除其“被利用”的心理。在自己受到贵人的帮助时，要记得用真情来感染他；在相处的过程中，不要总是想方设法地从贵人那里搜刮好处，而应该以一颗真诚感恩的心来面对你的贵人。总而言之，面对贵人时，我们要少一些利用，多一些真情。

曾经有一个人非常自私，为了实现目标不择手段，甚至有心狠手辣的一面。处于事业起步阶段的他为了能在公司有更好的发展，很注重用各种方法来引起领导的注意，赢得上司的赏识。在自己不懈的努力下，他获得了经理的认可，并在很短的时间内晋升为部门主管。此时，经理的想法是发掘到了人才，打算拉年轻人一把，让他有更好的发展，也让自己有一个得力助手。但是这个自私的人只把经理当作一个台阶，踩着向上走。后来，他通过在董事面前的抢眼表现，再次升迁，成了当初提升自己的经理无法驾驭的人物。从此，他对经理视而不见，根本不把其放在眼里，不能不叫人心寒。后来，他因为一个重大的失误给公司造成了巨大的损失，被公司开除，而这个决定本可以由当初的经理求情而避免的。

这个年轻人为了理想奋斗没有任何错误，但是他把每个人都只当成自己脚下的台阶，踩着向上走，这就不对了，这也是其最后被公司开除时没有人帮助他的原因。一个人要懂得感恩，特别是对自己有过帮助的贵人。人不能只为了利益而活，如果人与人之间只是利用关系，那么这个社会就会变得很可怕，因为没有真情的社会是冷漠的，而其中的人是冷血的。只知道利用贵人让自己飞黄腾达的人，他的下场就像那个自私的人，不会好到哪里，因为这样的人不近人情，不懂感恩，只懂得谋私利。所以，在与贵人相处时不要有太多的利用，多一些真情，不但会使你们之间的关系更加融洽，也会使贵人感觉帮助你是非常值得的，从而心甘情愿地做你的贵人，这样有利于你的长远发展。

没有人喜欢被人利用，贵人帮助你，其心里是希望你能饮水思源，对其充满感激之情的。有了贵人的提携，你的事业会突飞猛进；而你则要知恩图报，珍惜贵人的滴水之恩。假如你从头到尾都只想着利用别人，那么早晚会被识破。你的贵人可能是一位身居高位的领导，也可能是你想模仿的对象，甚至有可能是你的下属，这些人在经验、专长、知识、技能等方面肯定有比你略胜一筹的地方，值得你学习的地方。不管你的贵人是你的上司、你的同事还是你的朋友，你都要多用一些真情去相处，少一些利用。

一般情况下，贵人会出于几个原因帮助你。例如，你是人才，一般人都有爱才心理，为了不使人才被埋没，所以他们出手帮你。另外，贵人多少会觉得在帮助你飞黄腾达后会对自己有好处，但是又怕你的成功超越了他后你便不把他放在眼里的担忧，所以，贵人对你往往是爱恨交织，既期待你成功，又怕自己受伤害。李嘉诚曾说：“一个人的富贵是内心的富贵。贵，是从一个人的行为而来。”作为被贵人所帮助的你，一定要减少对贵人的伤害，让他们感觉自

己的付出都是值得的。

“先不要问别人能为我做什么，要先问自己能为别人做什么。”这是畅销书《别独自用餐》的作者启斯·法拉利摸索得出的最重要的结识贵人之道。启斯·法拉利从一个劳工家庭出身的球场杆弟一路成为顶尖企业的领导人，凭借的就是这个方法。同样的道理，不要总是想着利用贵人能为自己谋到什么好处，要多想一想自己能为贵人做些什么。我们应少一些借助贵人以达到某种目的想法，不要天天惦记着用手段使贵人为自己服务，要多一些真情，让贵人感受到你的真诚。与贵人相处，少一点利用，多一点真情，能让你们之间的关系更加融洽。

第14章　避开陷阱：随机应变，巧妙地与小人斗智斗勇

生活中要警惕小人，远离陷阱。人们都喜欢听好话，但是我们要警惕“高帽子”，因为这里可能暗藏杀机。一些别有用心的人，会为了一些目的用尽全力往高里捧你，一旦他们达到了目的，就会撤掉云梯，让你摔得很惨。要警惕“小喇叭”，因为稍有不慎就会使我们臭名远扬。平时也要远离外忠内奸的伪君子，不要栽倒在“老油条”的城府下。

防备四处传播的“小喇叭”

工作中，有些人喜欢在暗中向领导打“小报告”，尤其是一些开领导玩笑的人，都被列入这张“小报告”。有些时候，这些“小报告”甚至会影响领导对一个人的印象，以及一些问题的决策。这类人通过所谓的“检举揭发”使领导能够获取平时难以了解但并不完全真实的信息，时间长了，领导会认为这是一个可以作为心腹的人，而将其重用。但实际上，这类人的行为严重影响了单位的正常运转，乃至使一些人蒙受不白之冤。这类爱打小报告的人往往被称为“小喇叭”。他们也非常乐于在同事间散播一些关于某人的负面消息，使其名声在无形中被败坏。所以，我们对于这种人一定要警惕。

小李是某企业内刊的一名编辑，由于办公室里都是同龄人，因此平时大家说话都口无遮拦。可最近一次偶然事件，让他在办公室遭遇了“白色恐怖”。在一次公司聚会上，总编酒后吐真言，说他发现有人一直在背后打他的

小报告。事后经调查分析，大家确定这个打小报告的人就是新来的同事小孔。后来，同事们在办公室里不敢多说半句话，心里对那个打小报告的人恨得牙痒痒。

小孔成了办公室里的“监听器”，他动辄向领导汇报的作风使得本来非常融洽的办公室气氛变得死气沉沉。编辑工作本就需要大家交流、共同商议最好的方案，而且轻松的工作氛围也能提升工作的效率和质量；但是小孔的小喇叭让交流停滞，让气氛凝固。自古以来，人们对各色人物打的小报告，很少能经过冷静思考辨认出真假，这常使打小报告者屡试不爽，春风得意，而那些“被告者”却不得不蒙受天大的冤枉。

某些人为了自己的私利，打着提意见的幌子向管理者反映问题，此时反映的问题往往是他人的失误和错误。他们的主要目的是让管理者意识到自己的努力和重要性，以此来谋求利益或者巩固自己的已有地位。此类现象不在少数，对组织的危害较大，管理者要善于识穿它。

曹操小时候很调皮，每次犯事被他叔父知道后，叔父就会把他犯的错误告诉他父亲，因此曹操一直怀恨在心。有一天，他在院子里玩耍的时候看到叔父走过来，他便突然往地上一倒，而且口吐白沫。其叔父见状大惊，马上就去告诉曹操的父亲。等叔父带着他的父亲过来的时候，曹操早就站起来了，还在拍身上的尘土。他父亲问刚才是怎么回事，为什么会口吐白沫。曹操说：“我哪有口吐白沫，分明是叔父总是喜欢在父亲您面前说我的坏话。”曹操的父亲一看曹操确实是没什么事也就没说什么，曹操的叔父刚想解释就被他的父亲拒绝。从此之后，不管曹操的叔父在曹操父亲那里说什么坏话，他父亲都不再理会了。

对待“小喇叭”可以有多种方法，除了像曹操一样采用计谋，还可以尝试与对方进行沟通。我们可以问其是不是对自己有意见，不妨在一起把话讲明。

如果对方不配合，可以对其进行适当的警告，如告知对方今后有什么意见可以直接找自己，以免产生误会。通过话语让其知道你不会对他的行为无动于衷，而是会采取相应的行动，请其自重。

在工作中，尽量让自己的行为不要出错，如果出错了，一定要勇于承担责任。另外，尽量不要诋毁说你坏话的人，不管他出于什么原因这么做，你一定要装作没有听到他说过什么。如果领导直接问到你的眼前了，那么你可以针对事实据理力争，但是不要说那个人的不是。如果是同事传过来的话，一定要微笑着听完，而且一定要听完了就过去了，不要加任何评论，只要用“是吗”“哦”等回应一下就可以了。总之，要警惕“小喇叭”，因为稍有不慎就会让你声名扫地。

警惕小人送上的“高帽子”

生活中、事业上，我们都要警惕“马屁精”。这种人对你的称赞和夸奖往往不是发自内心的，而是带着某种不可告人的秘密。为了达到目的，他会给你戴“高帽子”，把你捧得很高；一旦达到目的，他就会马上撤掉梯子，让你从风光无限的高处跌落，摔得很惨。“高帽子”会增长人们的虚荣心，让人们失去理性思考，使正常的人际关系扭曲，也会给人们带来难以忘怀的伤痛。

从前有个小官吏，最擅长阿谀奉承。几任顶头上司都因为上了他的当，弄得丢官卸职，栽了跟头。这次新来的上司，吸取了他前几任的教训，一到任所，就把小官吏叫来，劈头盖脸地一顿臭骂，然后严正地警告：“告诉你，我可不吃你这一套！不信，你就试试吧！”小官吏吓得瑟瑟发抖，先是淌泪抹眼，继而竟然哽咽地哭出声来。新上司把眼一瞪：“哭什么！委屈你

啦？”“不，不，”小官吏边哭边摇头，“我恨，我恨呐！”“恨什么？”新上司的眼珠子瞪得更大了。小官吏装出一副痛心的样子：“我恨我遇到您这样洞察秋毫、铁面无私、推心置腹、赤诚相见的上司太晚了。我要是能早在您手下亲聆教诲，我这些见不得人的肮脏毛病岂不早就……呜呜！”说到这里，小官吏放声号哭起来，哭声凄切，令人耳不忍闻。新上司虽然还在横眉竖眼、背手挺胸地踱方步，但一肚子的嫉恶如仇、必欲挞伐的浩然正气早已烟消云散了。他不由无限感慨地想：“前几任世兄怕也太治下无方了。人非圣贤，孰能无过？看你会不会驾驭罢了。”小官吏看透了新上司的矜持之意，心中不禁悄然骂道：“看你吃不吃这一套！”

新上任的上司表现出一副大义凌然、明察秋毫的气势，严厉地训斥善于拍马的小官吏，但是最后还是被小官吏的“迷魂阵”给迷惑了。可见，小官吏的拍马屁水平实在高明，同时也可以发现，小官吏拍马屁的功夫屡试不爽，原因还在于有人喜欢被拍。在实际的生活中，要想不被各种各样的拍马屁手段迷惑，就要彻底拒绝拍马屁者，要时刻给予自己心理暗示，当其发现你根本不为所动时，自然就会收手了，这样才能避免被小人陷害。

很早以前，有个很会拍马屁的人，上自皇帝、宰相，下至州官、县令，都被他拍得飘飘然。阎王爷得之这一情况后，大骂马屁精是人间败类，于是，命牛头马面将马屁精捉来，准备割舌下狱。马屁精被捉来之后，一见阎王爷，急忙双膝跪倒、磕头祷告：“请阎王爷息怒，在人世并非我愿意拍马屁，而是世人多爱听奉承之言、喜欢拍马屁之人。如他们都能像您这样铁面无私、严肃公正，我自然就不会拍了。”阎王爷听后怒气全消，高兴之余，命二鬼把马屁精送回人间。

这个笑话不得不让人感叹拍马屁之人的高超技巧，连阎王爷都能被他在几句话之间摆平。生活中，有些人听不得坏话，一旦听到别人批评自己就感觉浑身不自在，满面阴沉，但是一听别人夸赞自己就立刻满面春风，笑得合不拢嘴。

拍马屁者善于阿谀奉承，这类人往往一身媚骨，嘴上涂蜜，睁着眼也能顺口编瞎话，把臭的说成香的，把丑的说成美的。还有的拍马屁者善于心领神会，知道领导的孩子喜欢看球赛，就不惜用高价购得球票两张，还装作随意的样子说是朋友送的。

有些人拍马屁并无害人之心，但不免有利己之意。他们为了一己私利，常常不从实际出发，专挑你爱听的话滔滔不绝，选你喜欢的东西送上门来。他们在你被拍得忘乎所以之时，求你为其谋求利益，致使你身败名裂。拍马屁者往往不露声色，“杀”人于无形，所以一定要远离，以免惹祸上身。

别让爱抱怨的人磨灭你的激情

很多人在工作不顺心的时候会抱怨，这并不是一种不能接受的行为，适当的抱怨能舒缓内心的压力，然后，抱怨者在别人的适当开导下，逐步调整好自己的状态，精力充沛地回到工作岗位。但是，一些人的抱怨从一开始就没有停止过，就像精神上出了问题的祥林嫂，整日唠叨个不停。开始出于同情想伸出援助之手的人们会因其不厌其烦的唠叨而感到精神疲惫，逐渐地被这些唠叨的内容所影响。“谎话说上一千遍就会变成真理”，这是反复进行心理干预的结果。同样的道理，一个人唠叨的时间长了，他唠叨的内容就会使听者受到潜移默化的影响，认为工作的确像唠叨者所说的一样没有希望，逐渐对工作失去激情。其实，这都是可以避免的，只看到消极的一面当然会变得消极，所以在生活和工作中一定要留心身边的“祥林嫂”，因为唠叨会磨灭你的激情。

小张刚毕业，对工作充满了热情和信心，她一心想在工作岗位上做出点成绩。然而，周围的同事中，有好几个阿姨在事业单位混了一辈子，临近退休。她们整天无所事事，一心就是聊天。新来的小张自然成为她们最感兴趣的对象。一开始，小张牢记父母的教诲，在工作中千万不能跟任何人产生冲突，不能跟同事顶嘴，更不要去得罪同事。因为她深知得罪他们的下场是轻则被孤立，重则谣言满天飞。于是，刚开始时，阿姨们闲聊的时候，小张偶尔也会参与。然而过了一段时间，小张发现这样对自己的工作非常危险，有时候自己甚至会产生职业倦怠心理，觉得自己可以看到30年后的样子，即像阿姨们那样浑浑噩噩地混日子。于是，小张开始调整自己的心态，并借各种冠冕堂皇的理由逐步疏远阿姨们。她跟领导另外申请了一份超出自己工作范畴的事情，给自己一个忙碌的借口。那之后，虽然小张每天仍然笑脸相迎，但是终于跳出了是非圈。

小张的做法是正确的，如果她整日和阿姨们闲聊，虽然会感到工作轻松，但是自己会一无所获，长久之后就会失去工作的热情和动力，浪费青春和生命，对自己的整个人生发展非常不利。小张的做法非常得当，如果小张大发雷霆，恐怕会让自己陷入极为不利的境地。所以，小张很理性地运用智慧寻找正当的理由，既消除了人们的怀疑之心，又使自己跳出了是非圈，还让自己的能力得到了锻炼。

对于唠叨的同事，我们既然无法阻止他们，就不要强求他们不去唠叨，因为这往往是无效的行为。这时必须从自己身上下手，寻找办法阻止自己被他们同化。尤其是年轻人，正处于事业的起步阶段，美好的未来正在向你招手。如果就这样被喜欢唠叨的同事们感染成“八卦”而又无聊的人，那么，不仅领导看不起你，你也无法取得工作成就。多年以后回首往事，只会发现自己一事无成，悔之晚矣。

小刘是一家美容店的员工，这家店的环境很好，而且在业界比较知名，还处于学徒期间的小刘工作非常努力，可以说她的前途一片光明。但是让小刘很无奈的是有一个很爱唠叨的女同事。这个同事不但喜欢用一种尖酸刻薄的语言数落他人，对一些鸡毛蒜皮的事情也能大做文章，更要命的是这个女同事有在同事之间散布谣言、在领导面前打“小报告”的习惯。一次，小刘一句无心的话得罪了她，结果没过几天就听到大家在议论自己，后来才知道那是那个女同事为自己量身打造的谣言。小刘顿时对工作没有了感觉，失去了激情，无奈之下离开了这家店，换了一个工作单位。

小刘的做法就是我们常说的“眼不见为净”，既然不能当这个同事不存在，那么就自己重新换个地方。因为，对于此类人，我们无力去改变他们，只能改变自己。在工作中，对于那些爱唠叨的人，我们一定要给予高度注意，不要被同化。

懂得保护自己，躲开城府深的“老油条”

有一些人随着阅历的丰富会变得世故、油滑，不厚道、不诚实。在一个单位工作久了，他们会钻空子，嘴上说得条条是道，但是工作不用心、不负责任、经常应付；很多时候爱摆老资格，尤其是在年轻员工面前；在有工作时，消极应付，能躲就躲，要不就是对年轻人指手画脚，自己只说不做；在责任来临时，总是躲在最后面，能推就推；公司的变革威胁到自己的利益时，会千方百计地阻挠和破坏；在荣誉和好处来临时，总是冲在最前面；在奉承领导方面很有心得，用不正当关系维护自身的利益。这样的人，我们称为“老油条”，这类人城府极深，与其相处要提高警惕，避免栽跟头。

业务员麦克曾是A公司负责某个州的区域经理，每次出差回公司他都表现得如谦谦君子，特别是对高层领导，他更是毕恭毕敬，经常跑到领导的办公室里主动汇报工作，有意无意地为他管辖的区域粉饰太平。高层领导一度对他很有好感，下面的其他业务员也误以为高层领导对麦克偏心、偏爱。但年底销售任务达成率揭晓时，麦克的辖区是公司唯一一个销售出现滑坡、负增长的区域。他随即被调离其管辖区域，降职处分。在把麦克调离他的管辖区域后，A公司重新派遣了两名认真负责的区域经理，麦克的“狐狸尾巴”终于藏不住了。他曾多次胁迫自己管辖区域的经销商在他到后给他开房住宿，不开房的就不给好脸色或压根不去，他用这种方式大肆骗取公司的出差补助。他还包庇自己区域做得差的经销商，不予整改和撤店处理；只要能伺候好麦克，做得差的经销商就可以相安无事。麦克还主动让部分经销商不给公司下单，把订货单下到他指定的其他厂家，以此来中饱私囊。最后，麦克被公司予以开除处理。

麦克是一名经验丰富并对公司非常了解的业务员，但是他没有把他的经验用到努力提升业绩等正当的地方，而是上面哄好自己的领导，下面压榨所辖区域内的经销商，就这样利用自己的权力欺上瞒下，赚取利益。麦克属于典型的“老油条”，他处世圆滑，做事不是为了完成上面下达的任务，而是以自己的利益为中心，想尽一切办法“巧取豪夺”。他并不着眼于公司的长远发展，而只是想在最短的时间内满足自己最大的利益。他对待工作消极怠工，对待利益争先恐后，但是纸包不住火，他被公司开除的下场在情理之中。

一个企业需要一个强大的团队，而“老油条”则是这个团队里的害群之马，是必须铲除的毒瘤，否则他们将腐蚀整个团队，最后使团队瓦解。

小杜是一家公司的新人，由于工作非常努力，博得了领导和同事的好评。一次，公司要设计一个晚会，小杜的主管意识到这是一次立功表现自己的机会，于是将这个任务揽了下来。由于这个任务非常烦琐，所以他将任务交给了小杜，并鼓励小杜说这是一次难得的展现能力的机会，如果成功，公司领导会有嘉奖，年轻气盛的小杜听完欣然接受了。后来，晚会在进行过程中出现了小差错，公司领导问及此事时，小杜的主管说这个任务是由新人小杜全权负责的，由于是新人，难免会有疏漏。公司领导听后将功劳记在了小杜的主管身上，而小杜则替主管背了黑锅。后来，这个利益熏心的主管居然想借此辞退小杜，同事们不断为小杜求情，才让小杜避免被辞退。

在这个案例里，职员小杜的遭遇是悲惨的，他被城府极深的主管利用了，努力工作的他不但没有得到嘉奖，反而被主管陷害，成了晚会漏洞的制造者。由此可见，“老油条”的手段是花样百出的，也是让受伤者刻骨铭心的。所以，在工作中，对待城府极深的“老油条”，一定要与之谨慎相处，或者干脆远离，因为他们动辄利用他人，让其成为自己的替罪羊。另外，若企业不能及时发现和处理这些“老油条”，团队中的其他人就会感觉心态失衡，无路可退时甚至会主动去效仿，这样的后果是不堪设想的，会给企业带来灾难。所以，企业务必及时发现和查处“老油条”。作为企业的一员，我们除了自保，别栽在“老油条”的城府下外，也有义务提醒同事和领导者，从而使企业正常地运转、健康地发展。

识别小人，与之保持一定的距离

古人对君子的定义是：“君子者，权重者不媚之，势盛者不附之，倾城者不奉之，貌恶者不讳之，强者不畏之，弱者不欺之，从善者友之，好恶者弃之，长则尊之，幼则庇之。为民者安其居，为官者司其职，穷不失义，达不离道，此君子行事之准。”孟子对君子的评价是“穷则独善其身，达则兼济天

下”。小人是君子的反义词，指搬弄是非的人。

如果你在无意中伤害了一个君子，那么这些伤害或矛盾通常能够在当面的沟通中化解，一了百了；但若是你不小心得罪了一个小人，不但事端不会被轻松化解，而且会招来许多不必要的麻烦。因为君子坦荡荡，小人则会铭记于心，寻找时机痛快地报复。

小郑是公司里的一名普通职员，他很强的办事能力和端正的工作态度博得了同事的夸赞与领导的好评。小玲是比小郑大一届的员工，可以说是小郑的师姐，在小郑进公司后一直很照顾他。平常有工作，小玲经常带他一起做，让他积累经验并教他许多应付难缠客人的技巧。有一次，小郑和小玲共同筹办一个美国客户的新品发布会，因为事前对客户提供的新品资料作了详尽分析，所以小郑提出的方案最后得到客户的赞赏并被采纳。虽然隐隐感觉到小玲的尴尬与不悦，但他仍安慰自己：“公平竞争，各凭本事，师姐应该能够理解。”当晚，两人就计划书的细节问题又和客户谈了很久。在小郑发现自己手机没电并四处找电话通知家里时，小玲又恢复了当初大姐姐的姿态，主动说：“快去和客户谈吧，你家里我来搞定。”小郑听后着实感动了一番，然而，直到看见自己老婆黑着脸、气急败坏地冲进酒店将自己大骂一通时，他才明白小玲那笑容背后的含义。

看样子，小郑的师姐是个妒贤嫉能的人，喜欢在工作上争功，如果争功不成就会采取手段报复。小郑虽然在工作上很顺利，却后院起火，让他措手不及。这一切都源自没能获得客户认可的小玲，她假装善意地答应小郑帮其搞定家里的事，实际上是利用这个机会报复小郑，用心险恶。对于此类人，我们不要去招惹，要懂得运用怀柔之术进行安抚。工作中，要在自己能力所及的范围内善待所有的人，但也要避免过分亲昵，要有一个安全距离，避免被暗箭中伤。

小陈和小赵差不多是同时进入同一个单位的，但两个人并不怎么熟悉。小陈特别开朗，每个同事和他关系都很好；而小赵比较内向，他每天都皱着眉头，不知道在烦什么事情。因为小陈的工作表现和平时良好的人际关系，领导准备提升他。正好公司办公室主任准备退下来，领导找小陈谈话，让他接这个位子。单位有一条规定，人事提拔要在单位里公布一段时间，征求大家的意见，但一般只是走走形式而已。可是过了一个星期，上级领导来找小陈谈话了，而且很严肃的样子。领导说单位收到了匿名信，说小陈生活作风有问题，还煞有介事地写到“某年某月某日有某个女人进了他的家”。听了这样的罪状，小陈差点晕过去，因为这都是子虚乌有的事。后来，通过一些渠道，小陈才了解到是小赵所为。

看到和自己在同一时期进入公司的小陈升职，小赵的心里不好受是可以理解的，但是捏造罪名陷害他人就显得有些过分了。在工作中，对于小赵这类人，我们最好不要在其面前炫耀，以免招来嫉妒，进而遭到莫名其妙的攻击。如果嫉妒者喋喋不休，只要无关大局，不妨听听就算了。

职场里什么样的人都有，所以低调为人处世并不是件坏事，起码可以保证自己的安全。如果想有所成就，就要搞好人际关系，建立良好的人际关系是成功的基石。所以，在平时要和同事和谐相处，要抱着一颗谦虚的心请教不懂的问题，让别人在给你解答时获得成就感，从而产生对你的好感。在平时收起自己的锋芒，不到必要之时不轻易展露，这样人们就会减少对你的嫉妒。最后，不要招惹小人，对小人要保持一定的距离，懂得怀柔之术。

参考文献

[1] 潘鸿生.一生不可不读的哈佛情商课[M].北京：北京工业大学出版社,2016.

[2]刘丽云.所谓情商高，就是会说话办事 [M].北京：三辰影库音像出版社,2017.

[3][美]丹尼尔·戈尔曼.为什么情商比智商更重要[M].北京：中信出版社，2010.